森林报

SENLINBAO

　　维·比安基,(1894-1959年),前苏联著名科普作家和儿童文学作家。《森林报》是维·比安基的代表作。著者以其擅长描写动植物生活的艺术才能,用轻快的笔调,采用报刊形式,按春、夏、秋、冬四季12个月,有层次、有类别地报道森林中的新闻,森林中愉快的节日和可悲的事件,森林中的英雄和强盗,将动植物的生活表现得栩栩如生,引人入胜。著者还告诉了孩子们应如何去观察大自然,如何去比较、思考和研究大自然的方法。

内蒙古出版集团
内蒙古人民出版社

图书在版编目(CIP)数据

　　森林报/(苏)比安基著；李元秀，李庆彬改编. —呼和浩特：
内蒙古人民出版社，2012.6
　　ISBN 978－7－204－11577－8

　　Ⅰ．①森…　Ⅱ．①比… ②李… ③李… 　Ⅲ．①森林—
普及读物　Ⅳ．①S7－49

　　中国版本图书馆 CIP 数据核字(2012)第 099063 号

森林报

原　　著	（苏）比安基	
改　　编	李元秀　李庆彬	
责任编辑	巴德日夫　李向东	
图书策划	刘景慧	
出版发行	内蒙古出版集团　内蒙古人民出版社	
地　　址	呼和浩特市新城区新华大街祥泰大厦	
网　　址	http://www.nmgrmcbs.com	
印　　刷	武汉安捷印刷有限公司	
开　　本	710×1000　1/16	
印　　张	12	
字　　数	180 千	
版　　次	2012 年 10 月第 1 版	
印　　次	2012 年 10 月第 1 次印刷	
印　　数	1—12000 册	
书　　号	ISBN 978－7－204－11577－8/I・3362	
定　　价	19.80 元	

如出现印装质量问题，请与我社联系。联系电话:(0471)4971562　4971659

目　录

春

■ 苏醒月(春一月)　　　　2

　森林中的大事　　　　2

　城市新闻　　　　8

　集体农庄纪事　　　　15

　打猎　　　　16

■ 候鸟回乡月(春二月)　　　　20

　森林中的大事　　　　20

　飞鸟传信　　　　25

　祝你一钓一个准　　　　28

　森林里的战争　　　　30

　集体农庄纪事　　　　33

　集体农庄新闻　　　　35

　城市新闻　　　　36

■ 歌舞月(春三月)　　　　40

　森林中的大事　　　　40

　森林里的战争(续一)　　　　52

　集体农庄纪事　　　　53

　集体农庄新闻　　　　55

夏

■ 筑巢月(夏一月)　　　　58

　各居其所　　　　58

　森林中的大事　　　　63

　绿色的朋友　　　　72

　森林里的战争(续二)　　　　73

　祝你一钓一个准　　　　75

　集体农庄纪事　　　　77

■ 育雏月(夏二月)　　　　79

　森林中的大事　　　　79

　森林里的战争(续三)　　　　93

　集体农庄纪事　　　　94

森林中的大事　132

候鸟飞往越冬地(续完)　139

集体农庄纪事　144

集体农庄新闻　144

■ 冬季客至月(秋三月)　147

森林中的大事　147

集体农庄纪事　153

集体农庄新闻　154

冬

■ 小道初白月(冬一月)　158

冬天的书　158

森林中的大事　162

集体农庄纪事　166

集体农庄新闻　167

城市新闻　168

打猛禽　97

成群月(夏三月)　101

森林里的新习俗　101

森林中的大事　103

绿色的朋友　109

森林里的战争(续四)　112

秋

■ 候鸟辞乡月(秋一月)　115

森林中的大事　115

城市新闻　121

候鸟飞往越冬地　124

森林里的战争(续完)　128

集体农庄新闻　130

■ 仓满良足月(秋二月)　132

■ 忍饥挨饿月(冬二月)　171

森林中的大事　171

城市新闻　175

祝你一钓一个准　177

■ 熬待春归月(冬三月)　180

熬得过吗　180

城市新闻　186

春

苏醒月（春一月）

森林中的大事

发自森林的第一封电报

白嘴鸦揭开了春天的序幕。在冰雪融化的地方，出现了成群结队的白嘴鸦。

白嘴鸦在我国南方过冬。它们急匆匆地赶回故乡北方。一路上，它们遭遇了无数次残酷的暴风雪。成百上千只白嘴鸦精疲力竭，死在了半道上。

最先飞到的是那些身强力壮的鸟。现在它们在休息。它们在路上骄傲地迈着方步，用结实的嘴巴刨着泥土。

布满天空的沉甸甸、黑压压的乌云飘走了，大片大片的白云飘浮在蔚蓝的天空上。第一批小野兽出生了，麋鹿和狍长出了新犄角，黄雀、山雀和戴菊莺在森林里唱起了歌。我们在等待椋鸟和百灵鸟的到来。在树根拱起的枞树下，我们找到了熊窝。我们轮流守候在熊窝旁，只要熊一出来，就向大家报告。一股股融化了的雪水悄悄地在冰下汇集。森林里到处可听见滴滴答答的滴水声,树上的雪也在渐渐融化。夜晚,严寒重新把水结成冰。

第一个蛋

群鸟里面,就数乌鸦下蛋下得最早。它把巢筑在高大的枞树上,上面覆盖着厚厚的积雪。雌乌鸦一直待在巢里,因为它生怕蛋冻坏,生怕蛋里的小乌鸦冻死。它吃的食物由雄乌鸦专门送来。

雪里的吃奶宝宝

兔妈妈生下了兔宝宝,这时田野上还覆盖着积雪呢!

兔宝宝一出世就睁开了眼睛,身上穿着暖和的皮袄。它们生下来就会跑,吃饱了奶就四处跑开,躲到灌木丛中和草丛下,静静地躺在那儿,既不叫唤,也不淘气。兔妈妈则早已跑得不知去向。

一连过去了一天、两天、三天。兔妈妈早就忘记了兔宝宝,在田野里蹦来蹦去。但是兔宝宝们依旧躺在那里,它们不敢乱跑。一乱跑,就会被老鹰发现,或者被狐狸觅见脚印。

瞧,终于有只兔妈妈跑过来了。咦?这不是它们的妈妈,是别人的妈妈,是位兔阿姨。兔宝宝跑到它跟前吱吱叫:"喂喂我们吧!""行啊,吃吧,吃吧!"兔阿姨把它们喂饱了,又朝前跑去。

兔宝宝又躺回到树丛里。这时,它们的妈妈正在别处给别家的兔宝宝喂奶呢。

原来兔妈妈们定下了这么一条规矩:所有的兔宝宝都是大家的孩子,不管兔妈妈在哪儿遇到兔宝宝,都要给它们喂奶;不管兔宝宝是亲生的,还是别人家的,都一样对待!

你们以为兔宝宝没有兔妈妈照顾,就过得不幸福吗?完全不是这么回事。它们穿着皮袄,身上暖洋洋的。兔妈妈们的奶香浓可口,兔宝宝吃上一顿,可以好几天都不饿呢。

等到第八九天,兔宝宝就开始吃草了。

第一批花

开出了第一批花。不过,地面还被雪覆盖着,在地上找不到它们。森林边的水在潺潺地流,沟里的水满到了边沿。瞧,就在这里,在这褐色的春水上面,在光秃秃的榛树枝上,第一批花开了。

从树枝上挂下来一根根柔软的灰色小尾巴,我们把它们叫做荑荑

(róu tí)花序,实际上它们并不像荑荑花序。只要把小尾巴摇一摇,就会看见从上面飘落下许多花粉。

令人惊讶的是,就在这几根榛树枝上,还长出了别的花。这种花,三三两两地长在一起,很容易被人当做幼芽,只是在每个"幼芽"的尖上,长出一对颜色鲜红的,既像细线又像小舌头的带状物。原来这是雌花的柱头,它们吸收从其他榛树枝上随风飘来的花粉。

风毫无羁绊地在光秃秃的树枝间游荡,既没有树叶,也没有其他物体阻止它去摇晃那些小尾巴,或者吸收花粉。

总有一天,榛子花会凋谢,荑荑花序的小尾巴会脱落,那些幼芽般的奇妙小花上的红线会干枯。到那时,每一朵这样的小花,都会长成榛子。

■发自尼·米·芭芙洛娃

春天的计谋

在森林里,凶猛的动物经常攻击和善的动物,无论在哪里看见小动物,它们都会猛扑上去。

冬天,在洁白的雪地上,人们很难迅速发现雪兔和白山鹑。可是现在雪正在融化,好多地方的地面已经露出来了。狼、狐狸、鹞鹰和猫头鹰,甚至像白鼬和银鼠这样的小肉食动物,都能隔老远就看见白兽皮和白羽毛,在冰雪融化后的黑土地上一闪一闪的。

因此,雪兔和白山鹑就耍起计谋:它们开始脱毛,改换成其他颜色。雪兔变得灰不溜秋的;白山鹑脱掉了许多白羽毛,在原来长白羽毛的地方,长出了带黑条纹的褐色和红褐色的新羽毛。在兔子和山鹑换装之后,人们不太容易发现它们了。

有些攻击型的食肉兽,也只得换装了。冬天,银鼠浑身上下一身白;白鼬也一样,只有尾巴尖是黑色的。那时,它们很容易在雪地上悄悄爬到和善的小动物跟前去,因为它们的毛皮和雪一样白,不容易被发现。不过现在它俩都换毛了,变成了灰色的。银鼠浑身灰色,白鼬也变成了灰色的,只有尾巴尖还是黑色的。不过,无论冬夏,皮毛上有个黑点都不会坏事,雪地上不也有黑点吗?那是垃圾和小枯枝呀。而在地面和草地上,这种黑斑点就更多啦。

冬天的客人准备上路了

可以看见一群群的小白鸟，飞在列宁格勒州各处的行车道上。它们长得很像鹀(wú)鸟，这是雪鹀和铁爪鹀，都是在我们这儿过冬的客人。

它们的家乡在北冰洋沿岸和岛屿上的冻原带。还要过上很多天，那里的泥土才会开冻。

雪崩

森林里开始了可怕的雪崩。

松鼠正在温暖的巢里睡觉。它的巢搭在高大的枞树枝上。冷不丁，一团沉甸甸的雪从树梢上掉下来，正好砸中巢顶。松鼠慌忙逃了出来，可那些刚出世的无助的松鼠宝宝，还留在巢里面。

松鼠赶紧扒开雪，幸好雪只压住用粗树枝搭的巢顶。里面那只由松软暖和的苔藓搭成的圆巢，依旧完好无损。巢里的小松鼠，甚至没有被惊醒。它们还很小，跟小老鼠一般大，又聋又瞎，浑身光秃秃的。

湿漉漉的住房

雪不停地融化。那些住在森林"地窖"里的动物，开始了艰难的生活。

鼹鼠、駒鼱(qú jǐng)、野鼠、田鼠、狐狸，以及其他住在地洞里的各种野兽，现在都觉得潮湿难耐。要是所有的雪都化了，它们可怎么过日子啊？

奇特的茸毛

沼泽地上的雪化开了，水在小草丘间蔓延。小草丘下，银白色的小穗在光溜溜的绿茎上摇曳着。难道这是去年秋天还没来得及飞掉的种子吗？难道它们在雪底下挨过了整个冬天？真是令人难以置信，它们实在太干净、太新鲜了！

只要把小穗采下来，拨开茸毛看一看，谜团就解开了。原来这就是花呀!金黄色的雄蕊和细线般的柱头，露在丝一般润滑的白茸毛外面。

羊胡子草就是这样开花的。由于夜里还很冷，所以茸毛是给花保温的。

■发自尼·米·芭芙洛娃

在四季常绿的树林里

不仅在热带或者地中海沿岸可以看到四季常绿的植物，在北方的森林里也长着常绿小灌木。现在,在新年的第一个月,到常绿树林里走一走,既看不见褐色的烂树叶,也看不见令人厌烦的枯草,心情会特别轻松。

隔老远就能看见绿中带灰的毛茸茸的小松树。在这里,在这些小树之间待一会儿,令人心旷神怡。这里的一切都显得生机勃勃:有柔软的绿色苔藓,有叶子亮晶晶的越橘,还有优雅纤细的石楠。石楠树枝上还残留着去年开的淡紫色小花,枝上长满了小巧玲珑的树叶,像盖着小瓦片似的。

常绿灌木蜂斗叶,也长在沼泽地的边缘。它的叶子是暗绿色的,叶边向上卷起,叶子下部仿佛涂了一层白漆似的,所以又叫做"叶下白"。可是,假如现在有谁站在这株小灌木前,他不会一直盯着叶子看,因为他会瞧见更有趣的玩意:鲜花!美丽的粉红色钟形花,像极了越橘花。在早春,在森林里找到花,真让人惊喜万分!

要是你采一束带回家,没有人会相信这是从野外摘来的,准会说是从温室里采来的。

因为很少有人会在早春,就到常绿树林里散步啊。

■发自尼·米·芭芙洛娃

鹞鹰和白嘴鸦

"哔——哔!呱——呱——呱!"有只鸟从我头顶飞过。我回头一看,只见五只白嘴鸦正在追一只鹞鹰。鹞鹰来回躲闪,可还是被白嘴鸦追上了,头顶上被啄了一口,痛得哇哇直叫。最后,它终于逃脱了。

我站在大山上,极目远眺,只见一只鹞鹰停在树上休息。突然,不知从哪儿冒出来一群白嘴鸦,呱呱叫着朝它扑去。这下鹞鹰的处境糟糕透顶。它发疯似的大叫一声,扑向一只白嘴鸦。那只白嘴鸦害怕了,躲向一旁。鹞鹰趁机灵敏地冲向高空,谁也没来得及阻拦它。白嘴鸦丢失了俘虏,只好四散到田野里去了。

■发自森林记者 康·梅什列耶夫

发自森林的第二封电报

椋鸟和百灵鸟唱着歌,飞过来了。

我们迫不及待地等待着熊从熊窝里爬出来，可是一点动静都没有。我们想，也许熊在里面冻死了吧？

突然，雪颤动起来。

可是，从雪底下爬出来的并非熊，而是一只从未见过的怪兽。它灰白色的头上长着两条黑斜纹，个头跟小猪一般大。浑身毛烘烘的，肚皮漆黑。 原来这不是熊窝，而是獾洞，从洞里钻出来的是獾。

从现在开始，獾不再睡懒觉了。每天晚上，它将到森林里去找蜗牛、幼虫和甲虫，啃植物根，抓野鼠。

我们在森林里再次四处寻找，终于找到一只熊窝，这才是真正的熊窝！

熊还在冬眠。

水升到冰面上来了。

雪崩塌了；松鸡在求偶；啄木鸟在笃笃地啄树。

飞来了会啄冰的小鸟白鹡鸰(jí líng)。道路变得泥泞不堪，集体农庄庄员们不再乘雪橇了，他们架起了马车。

城市新闻

屋顶音乐会

猫儿每天夜里都在屋顶召开音乐会，它们很喜欢开音乐会。可是，每次音乐会都以歌手们大打出手告终。

在顶楼的角落里

为了调查屋顶动物居民的生活状况，《森林报》的记者最近几天走访了市中心的许多住宅。

那些占据了顶楼角落的鸟儿们，对居住条件心满意足。谁要是觉得冷，可以紧挨着壁炉的烟囱，享用免费的暖气。母鸽子已经在孵蛋，麻雀和慈鸟到处搜集筑巢用的小稻草棍和做软垫子用的羽毛和绒毛。

猫和一些男孩经常捣毁鸟儿的窝，所以鸟儿们对他们恨之入骨。

麻雀惊慌逃命

尖叫声和打架声在椋鸟房旁响成一片。绒毛、羽毛和稻草随风飘荡。

原来,椋鸟房的主人椋鸟回来了。它们抓住占据了其故居的麻雀,把它们往外赶,然后往外扔麻雀的羽毛褥子。它们不想留下麻雀的任何踪迹。

　　有个泥瓦匠正站在脚手架上抹屋顶下的裂缝。麻雀在屋檐上跳来跳去,瞧了瞧屋檐下,突然大吼一声,朝泥瓦匠的脸直扑过来。泥瓦匠用抹泥灰的小铲子不停地撵它们。他没想到,他把裂缝里的麻雀巢给糊上了,而麻雀已经在巢里下过蛋了。

　　一片尖叫声,一片打架声。绒毛和羽毛随风飘荡。

■发自森林报记者尼·斯拉得克夫

睡眼惺忪的苍蝇

　　一群蓝里透绿、金光闪闪的大苍蝇出现在街上。它们跟秋天时一样,一副睡眼惺忪的模样。它们还不会飞,只能勉勉强强、摇摇晃晃地用细腿沿着墙壁爬。

　　白天,这群苍蝇在外面晒太阳;晚上,它们又爬回到墙壁和篱笆的空隙和裂缝里。

　　苍蝇,请提防这群流浪汉!

　　一群流浪汉蜘蛛虎出现在列宁格勒的街上。俗话说,狼靠跑得快活命。蜘蛛虎也一样。它们不像十字园蜘蛛那样巧妙地织网,而是用力一跳,径直扑向苍蝇或者其他昆虫,吃掉它们。

石蚕

　　一些呆头呆脑的灰色小虫子,从河面冰块的细缝中爬出来。它们爬上岸后,脱掉皮外套,变成了身材苗条匀称、长着翅膀的小飞虫。它们既不是苍蝇,也不是蝴蝶,而是石蚕。

　　它们的翅膀很长,身子很轻,还不会飞,因为它们还很柔弱,还需要晒太阳。

　　它们在过马路。行人踩踏它们,马蹄践踏它们,车轮子碾压它们,麻雀也不住地啄它们。可是它们还是一个劲地朝前爬,爬呀爬:它们有几千、几万、几十万只呢。

　　爬过了马路的石蚕,就爬到房子的墙壁上晒太阳。

列斯诺伊观察站

　　自从举世闻名的自然科学家凯戈诺德夫教授第一个开始在列斯诺

伊进行物候学(亦称"生物气候学",指为研究大自然季节变化的科学)。观察以来,这种观察已连续进行了八十年。

现在在苏联,全苏地理协会下设有一个以"凯戈诺德夫"为名的专门委员会,负责物候学观察者的工作。

物候学爱好者从全国各地把报道寄往委员会。根据多年观察到的鸟类飞来飞去、植物花开花谢、昆虫出现和灭绝的记录,可以编制一部"普通自然日历"。这有助于我们预报和确定各种农作物的生长日期。

现在,在列斯诺伊设立了全国中央物候学观测站。在全世界只有三个像这种超过五十年历史的观测站。

列宁格勒州集体农庄儿童第一次代表大会决议

我们向野鼠、家鼠、象鼻虫、草地螟(míng)等危害农作物的害虫宣战。

我们将组织一千二百个小分队,与农田、果园、菜地、菜窖和谷仓里的害虫作斗争。我们将搭建三万个人造鸟巢椋鸟房,用来消灭农田和菜地里的害虫。

列宁格勒州少年自然科学家代表大会决议

亲爱的朋友们!

我们农田里的麦子在抽穗,花园里百花盛开,社会主义经济正日益巩固和壮大。

我们少年自然科学家、农业实习生和大人们一起参加劳动。

少年自然科学家和农业实习生代表大会的参加者,在会上交流了少年自然科学工作的经验。现在我们向全州少先队员和学生朋友发出倡议:增强自然科学工作。

请在学校附属地块开辟花坛,培育果木、浆果园!

请你们每人至少种两棵果树,或者种两棵浆果灌木。

无论是在农作物育种的试验方面,珍贵新植物的栽培方面,还是在先进农业技术的试验和应用方面,都请你们提供宝贵的经验。

暑假里,我们将全体参加直观教具的制作,为学校制作植物、动物和非生物的直观教具。

我们将在集体农庄的农田和菜地干活,在畜牧场劳动,在养蜂场帮忙。

为了使我们有益的工作进行得更加顺利，我们将经常向老师、农艺师、动物饲养家、蔬菜培育师和养蜂专家们咨询和请教，了解集体农庄农业先进工作者们的成就，向米丘林工作者们学习创收新方法。

请准备住房

假如你想让椋鸟在花园里住下来，就必须赶紧给椋鸟准备伴房！住房要干净整洁，门要开得足够小，好让椋鸟钻得进来，猫却钻不进来。

如果想让猫用爪子都够不到椋鸟，请在门里面钉上一块三角板。

群蚊飞舞

在温暖的、阳光灿烂的日子里，小蚊子已经开始在空中飞舞了。

不过，不用怕，这些蚊子不咬人，它们是蚊群。

蚊子聚成一团，像根圆柱子似的在空中飞舞着、推搡着。在蚊子密集的那一片天空中布满了黑点，仿佛人的脸上长满了雀斑。

第一批蝴蝶

蝴蝶飞出来透透气，在太阳底下晒晒翅膀。

在顶楼上过冬的黑里透红的荨麻蛱(jiá)蝶和淡黄色的柠檬蝶，最先飞出来。

在公园里

在公园和花园里，长着雪青色胸脯、戴着淡蓝色帽子的雄燕雀歌声嘹亮。它们聚集在一起，等待雌燕雀的光临，雌燕雀总是姗姗来迟。

新森林

正在召开全苏植树造林会议，林务委员、造林专家以及农艺师们欢聚一堂。列宁格勒州代表也参加了此次会议。

为了在我国的草原地区造林，已经进行了一百多年的科学考察和实践工作，选定了三百种最适合草原种植的乔木和灌木。例如，在顿尼茨草原最适合种植可以与锦鸡儿、忍冬和其他灌木混种的橡树。

在我国工厂，研制出一种新机器，用这种机器可以迅速地、大面积地植树。现在已经在好几十万公顷的土地上种了树。

我国准备在最近几年再造几百万公顷的新森林，它们将提高我国田地的收成。

■发自列宁格勒塔斯社

春花

在公园、花园和庭园里，盛开着款冬的小黄花。

街上有人在叫卖最早的林中春花。虽然它们的颜色和香气都不像紫罗兰，卖花人还是把它们叫做"雪下紫罗兰"。这种花的学名唤做蓝花积雪草。

树木也从沉睡中醒来，白桦树汁开始在树干里奔淌。

什么东西漂进了蓄水池

在列斯诺伊公园的峡谷里，春水在潺潺地流淌。我们的森林记者在一条小溪上，用石头和泥土垒了一道水坝，等在那里，想看看什么东西会漂进蓄水池。他们等了好久，没看到一只生物，只见到一些木片和小树枝，在水池里旋转着。

后来，他们看到一只死老鼠从溪底滚了过来。这不是灰颜色的、长尾巴的普通家鼠，而是一只棕黄色的、短尾巴的野鼠。原来是田鼠。这只死田鼠也许在雪底下躺了一整冬。现在雪化成了水，把它冲到水池里来了。

接着，他们看见一只黑甲虫漂进了水池。它挣扎着，打着转，怎么也爬不上岸。大家原以为这是一只水栖甲虫，捞起来一看，却是只陆上粪虫。也就是说，它也苏醒来了。当然它不是故意投进水里的。

然后，他们看见有个小动物蹬着长长的后腿，自己游到水池里来了。猜猜看，这是谁？这是青蛙呀！周围还是白茫茫一片，青蛙却已经在水里畅游了。它从水池里爬上了岸，蹦蹦跳跳地钻进灌木丛里不见了。

最后，一只小兽游了过来。它很像家鼠，长着褐色的皮肤，不过尾巴短很多，原来这是只水鼠。它储存了许多食物过冬。显然，快到春天的时候，它吃光了所有的存货，现在出来找食物了。

款冬

款冬的一丛丛细茎早已长在了小丘上。每一丛茎，都组成了一个小家庭。那些稍年长的茎苗条匀称，高昂着头；紧挨在高茎身旁的是些肥硕的、参差不齐的茎，它们的年纪还小呢。

还有一种茎的样子十分可笑，它们低垂着头，弯着腰站在那里，似乎因为刚刚看到这个世界，感到胆怯不安。

每个小家庭都由地下根茎生长而来。从去年秋天起,地下根茎就开始储藏养料。现在养料被逐渐地消耗掉,不过这些养料足够整个开花期的需要。每个小脑袋很快就会变成辐射状的黄花,更确切地说,不是花,而是花序:一大束彼此紧挨在一起的小花。

当花开始凋谢的时候,叶子从根茎里长出来。这些叶子承担了帮助根茎储存新养料的任务。

■发自尼·米·芭芙洛娃

空中的喇叭声

从空中传来喇叭声,列宁格勒市民感到无比惊讶。清晨,当霞光初现的时候,城市还没有苏醒,街上也没有隆隆的汽车声,这声音听起来分外清晰。

只要仔细瞧上一瞧,那些视力好的人,就可以看见一队脖子细长的大白鸟,在白云下面飞翔。这是一群喜欢叫喊的野天鹅在列队飞行。它们每年春天都从我们城市上空飞过,用喇叭似的大嗓门响亮地叫着:"克鲁鲁!克鲁鲁!"可是,在喧嚣的街道上,在熙熙攘攘的人群中,人们很难听到它们的叫喊声。

现在,天鹅正急匆匆地飞到科拉半岛阿尔汉格尔斯克附近,或者飞到北德维纳河沿岸去筑巢。

节日通行证

我们在恭候那些长着羽毛的朋友们。大队委员会交给每个少先队员一项任务,让每人搭一只椋鸟巢。

现在大家都在忙着搭鸟巢。我们学校设有木工作坊,如果有谁不会搭椋鸟巢,可以到那里去学习。

我们将在校园里挂上许多鸟巢,好让小鸟在我们学校住下来,保护苹果树、梨树和樱桃树不受青虫和甲虫等害虫的侵犯。等到学校里欢庆飞禽节(苏联的学校在每年都会举行一次飞禽节,在这一天,每个学生都带了鸟来放生,并为益鸟做一些爱护它们的好事。)的时候,每个少先队员都把人造椋鸟巢带到庆祝集会上来。我们约定,人造椋鸟巢就是我们的节日通行证。

■发自森林记者伏洛加·诺维任尼亚·科良金

发自森林的第三封加急电报

我们在熊窝附近蹲点守候。

冷不防，有什么东西从下面把积雪拱了起来，接着一只又大又黑的野兽脑袋露了出来。

原来，一只母熊钻出了熊窝。两只小熊也紧跟着钻了出来。

我们看见母熊张开嘴巴，悠然自得地打了个大哈欠，然后朝森林里走去。小熊活蹦乱跳的跟在后面。我们看见母熊身体消瘦，毛发蓬松。

现在它在森林里来回乱窜，在这么长时间的冬眠之后，它变得饥不择食，把树根、去年的枯草和浆果通通塞进嘴里，连小兔也不放过。

集体农庄纪事

逃亡者被抓住了

雪水没有经过任何人的同意，就想从田里逃到浅沟里。

集体农庄庄员及时逮住了逃犯，他们用厚实的积雪在斜坡上筑了一道堤。

水被留在了田里，开始慢慢渗入泥土。

田里的绿色居民已经感觉到，水在慢慢潜入它们的根部，它们感到非常开心。

一百个新生宝宝

昨天夜里，突击队员集体农场养猪场里的值班员一共接生了一百只小猪。这些猪宝宝一个个圆溜溜的，健康结实，吱吱尖叫。九位年轻的幸福母亲，在急不可耐地等待饲养员把粉嘟嘟的小宝宝送过来吃奶。这些小宝宝都长着翘鼻子、短尾巴。

搬到暖和的新房

马铃薯从寒冷的地窖搬到了暖和的新房。

它们对新环境很满意，预备发芽。

绿色新闻

商店里在出售新鲜黄瓜。既不是由蜜蜂来给这些黄瓜授花粉，也不是由太阳来烤热它们生长的土地。

可是，这些黄瓜还是真正的黄瓜，它们长满了小刺，肥硕厚实，汁多味甜。虽然它们在温室里长大，但它们散发出的味道，正是黄瓜的清香。

帮助饥饿者

雪融化了。可以看见田野上长满了细小的青草。可是大地还未解冻，小草没什么可吃的，不幸的小草在挨饿。

可是，集体农庄庄员非常爱惜这些小草，原来这些瘦弱的小草是秋播小麦。集体农庄为小麦准备了营养丰富的食物，有草木灰、禽粪、粪汁和营养盐等。还将通过飞机食堂给挨饿的朋友们分发口粮。

飞机食堂将从田野上空飞过，撒下食物，让每一棵小苗都美美地吃上一顿。

打 猎

春天允许狩猎的时间很短。假如春天来得早，还可以早点去打猎；假如春天来得晚，只得推迟打猎了。

春天打猎，只准打树林里和水面上的飞禽，不准带猎狗，而且只准打雄的飞禽，比如公鸡和公鸭。

求偶飞行

猎人白天离开城，傍晚已经到达了森林里。

这是一个灰蒙蒙、没有风的黄昏，下着毛毛细雨，天气暖和，正适合鸟类求偶飞行。

猎人选好一块林中空地，站到一棵枞树旁。周围的树不高，都是些赤杨、白桦和枞树。离太阳下山还有十五分钟。还有时间，可以抽根烟，待会儿可就没工夫抽了。

猎人侧耳倾听着森林里各种鸟儿的鸣唱：鸫(dōng)鸟在枞树尖上啼

啭鸣叫,红胸脯的欧鸲(qú)在密林里唧唧叫个不停。

太阳下山了。鸟儿们一个接一个地停止了歌唱。最后,连爱唱歌的鸫鸟和欧鸲也默不作声了。

现在得盯紧点,竖起耳朵听!突然从森林上空传来一阵轻轻的叫声:

"茨勒克,茨勒克,唿尔——尔　　尔!"

猎人打了个激灵,把猎枪往肩上靠了靠,站住不动了。这声音是从哪儿传来的呢?

"茨勒克,茨勒克,唿尔——尔——尔!""茨勒克,茨勒克!"

呵,有两只丘鹬(yù)呢!

两只长嘴丘鹬,正在空中扑打着翅膀,急速地飞过森林上空。它们一只跟着一只飞,并不是在打架。看得出,雌的飞在前面,雄的跟在后面。

啪……后面那只丘鹬,像车轮似的在空中打着转,慢慢掉进灌木丛里。

猎人如离弦之箭朝它奔去。要是受伤的小鸟逃走,躲到灌木丛里,那就很难找到它了。

丘鹬羽毛的颜色一如枯萎的落叶。就是它!正在灌木丛上挂着呢。

远处的某个地方,又响起了另外一只丘鹬的叫声。

太远了,霰弹打不到。猎人又站到一棵枞树后面。他绷紧全身,仔细倾听。森林里寂静无声。突然又传来了叫声:

"茨勒克,茨勒克,唿尔——尔——尔!"

在那儿,在那儿,太远了……

把它引过来吧?或许可以引过来?

猎人摘下帽子,朝空中一抛。丘鹬正在黄昏的薄暮中机警地四处张望,它在寻找雌丘鹬。它看见一件黑乎乎的东西从地面一跃而起,又掉了下去。

是雌丘鹬吗?它转了个弯,径直朝猎人这边飞过来。

砰!——这只也一个倒栽葱摔了下来,重重地撞到地上,当场毙命。

天渐渐变黑了。丘鹬的叫声不时四处响起,一会儿在这边,一会儿在那边,猎人不知道该往哪边转身才好。

猎人激动得双手发抖。

砰!砰!没打中。

砰!砰!又没打中。

还是别开枪了,放过一两只丘鹬吧。需要定定神。

好了,手不抖了。

现在可以开火了。

在幽暗的森林深处,一只猫头鹰声音嘶哑地怪叫一声。一只睡眼朦胧的鸫鸟吓得惊惶失措地尖叫起来。

天黑了,很快就不能开枪了。

终于又传来了叫声:

"茨勒克!茨勒克!"

在另外一边也响起了:"茨勒克,茨勒克!"

两只丘鹬恰好在猎人的头顶上方碰到了,立刻打了起来。

"砰!砰!"这回放的是双筒枪,两只丘鹬都掉了下来。一只蜷缩成一团,另一只转啊转,正好落到猎人脚旁。

现在该走啦。趁还看得见小路,应该赶到鸟儿求偶鸣叫的地方去。

松鸡求偶鸣叫的地方

夜晚,猎人坐在森林里吃东西,喝水壶里的水。这时可不能生火,火光会把鸟儿吓跑的。

用不着等多久,天就要亮了。松鸡很早(天亮之前)就开始求偶。

在寂静的黑夜里,一只猫头鹰瓮声瓮气地叫了两声。

该死的!你会把求偶的松鸡吓跑的!

东方露出了鱼肚白。在某个地方,一只松鸡用低得刚刚听得见的声音唱了起来。它"特克,特克"地叫着。

猎人一跃而起,侧耳细听。

又一只松鸡叫了起来。它就在附近,离猎人大概只有一百五十来步远。第三只……

猎人谨慎地移动着脚步,悄悄靠近。手里拿着枪,扳起扳机,双眼紧盯着高大的、黑黝黝的枞树。

"特克,特克"的叫声停住了,一只松鸡婉转地啼鸣起来。

猎人纵身跳离原先站着的地方,往前蹦了三大步,然后就纹丝不动了。啼鸣声停止了。一片寂静。

现在松鸡警觉了,它在倾听。这家伙可灵了,只要稍微碰响树枝,它就会扑腾着翅膀冲出去,消失得无影无踪!

它什么也没听见,于是又"特克,特克!特克,特克"地叫了起来,仿佛两根响木相互轻轻击打似的。

猎人停止不动。

松鸡又啼鸣起来。

猎人向前一蹿。

松鸡嘎吱一声,啼啭声中断了。

猎人的一只脚还没落地,他再也不敢动了。松鸡默不作声,它在倾听。

然后,它又从头唱起来:"特克,特克!特克,特克……"

如此反复了好几次。

现在猎人离松鸡已经很近了,松鸡就落在这几棵枞树上,离地不远,在半树腰的位置。

它在忘情地唱着,稀里糊涂的,现在你哪怕是嚷,它也听不见了!可是,它到底藏在哪里呀?在黑压压的针叶林里,什么也看不见呀!

哈哈!原来在这里!在一根枝叶茂密的枞树枝上,就在猎人身旁,相距不过三十来步远。瞧:长长的黑脖子,长着山羊胡子的鸟脑袋……

声音停止了,现在绝不能动弹……

"特克,特克!特克,特克!"接着,又响起了啼啭声。

猎人举起枪。瞄准黑色侧影,这是只长着山羊胡子的大鸟,它的尾巴像大扇子似的铺展着。

必须挑要害处打。

要是霰弹打在松鸡紧绷的翅膀上,会滑掉,伤不了这只结实的大鸟。最好是打它的脖子。

砰!

烟雾遮住了眼睛,什么也看不见。只听到松鸡沉重的身体落了下来,压断一根根树枝。

嘭的一声,它掉在了雪地上。

好大一只雄松鸡!身材硕大,通体乌黑,至少有五公斤重!眉毛通红,恰似浸透了血……

候鸟回乡月(春二月)

森林中的大事

昆虫过枞树节

柳树开花了。它那枝节粗大的灰绿色枝条,完全被轻盈的鲜黄色小球遮住了。所以柳树浑身变得毛茸茸的,轻盈飘灵,一副喜气洋洋的模样。

柳树开花了,这可是昆虫们的节日啊!在那漂亮的树丛周围,欢快热闹,像庆贺枞树节似的。熊蜂嗡嗡地飞着;糊涂苍蝇漫无目的地瞎忙;勤劳的蜜蜂弹拨着一根根纤细的雄蕊,采集花粉。

蝴蝶飞来飞去。瞧,长着雕花般翅膀的黄蝴蝶,叫做柠檬蝶;眼睛大大的棕红色蝴蝶,叫做荨麻蛱蝶。

瞧,一只长吻蛱蝶落在了毛茸茸的小黄球上面,它用黑色翅膀遮住小黄球,把长嘴巴深深地插到雄蕊之间去汲取花蜜。

还有一簇树长在这一簇欢快的树丛旁,它也是柳树,也开着花。但是,这棵柳树的花完全是另外一副模样:相貌丑陋,长着乱蓬蓬的灰绿色小球果。昆虫也栖息在小球果上面。可是这棵树周围不像旁边那棵树周围那么热闹。不过,柳树的种子却正是在这棵树上结的。原来昆虫已经把黏糊糊的花粉,从小黄球上搬到灰绿色小球果上来了。在每一棵长长的,像小瓶子似的雌蕊里,很快将结出种子来。

■发自尼·米·芭芙洛娃

菜荑花序

菜荑花序绽放在大河小溪的沿岸和森林边上。它们不是开在刚刚解冻的大地上,而是开在被春天的太阳晒得暖洋洋的枝头上。

在白杨树和榛子树上,点缀着许多长长的浅咖啡色小穗。这些小穗组成菜荑花序。

它们早在去年就长出来了。不过,在冬天里,它们一直鼓囊囊的,停滞不长。现在它们舒展开来,变得松软而富于弹性。

只要碰一下树枝,它们就摇晃着喷出一股烟尘般的黄色花粉。不过,在白杨树和榛子树的枝头上,除了会喷花粉的菜荑花序外,还长着另外一种花:雌花。白杨树的雌花,是褐色的小球果;榛子树的雌花,是粗壮的苞蕾。从苞蕾里露出一些粉红色的卷须,恰似躲在苞蕾里的昆虫所长的胡须似的,实际上这是雌花的柱头。每一朵雌花都有好几个柱头:两个、三个,有时甚至有五个。

现在白杨树和榛子树还没长出叶子,风在光秃秃的树枝间自由飘荡,把菜荑花序吹得东摇西摆,然后又撩起花粉,把花粉从一棵树吹到另一棵树上。粉红色卷须般的柱头吸收了花粉,于是这些怪模怪样的短胡子似的小花受了精。到秋天,它们将长成一颗颗榛子。白杨树的雌花也受了精,到秋天,它们将变成带有种子的小黑球果。

■发自尼·米·芭芙洛娃

蝮蛇的日光浴

每天清晨,有毒的蝮蛇都爬到干树桩上晒太阳。它爬得很费劲,由于寒冷,它身体的血冰凉刺骨。蝮蛇在太阳里晒暖了身子,变得活跃起来,就去捕捉老鼠和青蛙。

蚂蚁窝微微颤动起来

我们在一棵枞树下,找到一个大蚂蚁窝。因为没有看见一只蚂蚁,一

开始我们还以为这不过是一堆垃圾和旧针叶，没想到是座蚂蚁城。

现在，"垃圾堆"上的雪化了，蚂蚁爬出来晒太阳。在长时间的冬眠之后，它们变得虚弱无力，黑乎乎地粘成一团，躺在蚂蚁窝上。我们用小棍儿轻轻地拨弄它们，它们只勉强动了动，连用刺鼻的蚁酸来回射我们的力气都没有。

必须再等几天，它们才能再次开始劳动。

还有谁苏醒过来

蝙蝠和扁扁的步行虫、圆圆的黑色屎壳郎以及叩头虫等各种甲虫都苏醒过来了。叩头虫在表演它那令人费解的把戏：把它仰面朝天放着，它就把头啪的一点，腾空跃起，在空中翻个跟头，笔直地落在地上。

蒲公英开花了；白桦树被绿色的薄雾包裹着，马上就要出叶子了。第一场春雨之后，粉红色的蚯蚓从土里钻了出来，羊肚菌和鹿花菌等新生的蘑菇也冒了出来。

在池塘里

池塘苏醒了。青蛙离开了淤泥里过冬的温床，产下卵，从水里跳上了岸。

与之相反，北螈(yuán)刚从岸上回到水里。在我们列宁格勒地区，人们把北螈称作"哈里同"。北螈是橙黑色的，拖着条大尾巴，与其说它像青蛙，不如说它像蜥蜴。冬天，它离开池塘到森林里过冬，藏在潮湿的苔藓里睡大觉。

癞蛤蟆也醒了，也产了卵。不过，青蛙的卵像一团团冻胶似的漂浮在水面，冒着小气泡，每个小气泡里有只黑色的小圆点。癞蛤蟆的卵却由一条细带子连成一串，黏着在水底草丛上。

森林卫生员

冬天，有些飞禽走兽突然遭遇严寒，措手不及，冻僵了，被雪埋在下面。到春天，它们纷纷露了出来。可是它们不会在那里待很久的，因为熊、狼、乌鸦、喜鹊、埋粪虫和蚂蚁，以及其他森林公共卫生员，会把它们收拾走的。

它们是春花吗

现在已经可以找到许多开花的植物了，它们是三色堇(jǐn)、荠菜、遏蓝菜、蓼(liǎo)和欧洲野菊。

你可别认为这些草都跟春天开的雪花一样，是从地下钻出来的。雪花是"先露出点绿色的梗，然后用尽全身仅有的小小力气，一舒展"，于是小花朵就问世了。

三色堇、荠菜、遏蓝菜、蓼和欧洲野菊从来不藏起来过冬。它们以盛开的花朵，勇敢地迎接冬天。等到蓝天重新代替了头顶的白雪天花板，它们就苏醒过来，花朵和蓓蕾也复活了。

去年晚秋，我们看到的那些草茎上的蓓蕾，现在都开成了花，正在草丛里望着我们呢。

依你看，它们还能算是春花吗？

■发自尼·米·芭芙洛娃

白慈鸟

一只白色的慈鸟住在小雅尔契克村的中学旁，它和普通慈鸟一起飞行。即使老人们也从未见过浑身雪白的慈鸟。我和同学们都不明白，为什么会有白色的慈鸟。

■发自中学生森林记者波利亚·希尼茨娜 盖拉·马斯洛夫

珍稀的小兽

森林里，一只啄木鸟大声鸣叫起来。它叫得实在太响了，我一听就明白：啄木鸟遇到麻烦啦！

我穿过丛林，看见林中空地的一棵枯树上有只形状规则的窟窿，这就是啄木鸟的老窝。一只稀奇的小兽，正顺着树干朝鸟巢逼近。我看不出这是只什么野兽！它浑身灰色，尾巴既不长也不蓬松；圆圆的小耳朵，跟小熊的耳朵很像。长着一双又大又凸的鸟眼。

小兽爬到洞口，朝洞里瞅了瞅，显然是想吃鸟蛋……啄木鸟急忙朝它扑去！小兽向树后一躲，啄木鸟追了上去。小兽沿着树干盘旋而上。啄木鸟紧追不舍。

小兽越爬越高，可树干到顶啦，它再也爬不上去了！啄木鸟猛地啄它一口!小兽从树上纵身一跃,在半空中飞翔起来……

它张开四只小爪子,像片秋叶似的在空中飘浮,身子不时地朝两边摆动,转动着小尾巴以调整方向。它飞过草地,停在一根树枝上。

这时我才恍然大悟,原来它是一只会飞的小兽:鼯(wú)鼠。它的身子两侧生有皮褶子。它伸出四只爪子,打开皮褶子,就可以飞行了。它是我们森林中的跳伞运动员!只可惜这种小兽极其稀少!

■发自森林记者尼·斯拉得克夫

飞鸟传信

发大水啦

春天给森林里的居民带来许多灾难。雪快速融化,河水泛滥,淹没了河两岸。

有些地方变成了真正的汪洋。动物受灾的消息不断从各处传来。兔子、鼹鼠、野鼠、田鼠以及其他住在地上和地下的小动物最遭罪了。水涌进住所,它们只好弃家而逃。

每一只小动物都在想方设法躲避水祸。小鼩鼱跳出洞穴,爬上灌木丛,坐在那里等待洪水退去。它的样子可怜巴巴的,因为它饿极了。

当大水涌上岸的时候,鼹鼠差点给闷死在地下。它从地底下钻出来,蹦到水面游了起来,它必须找个干燥的地方。

鼹鼠是位优秀的游泳运动员。它一口气游了好几十米,才爬上岸。它心满意足,因为没有猛禽在水面发现它那乌黑发亮的皮毛。

它爬上岸后,又一帆风顺地钻到了地底下。

兔子上树

有只兔子遇到这么件事。

它住在一条大河当中的小岛上。每天夜里,它出来吃小白杨树的树皮;白天则躲在灌木丛里,以免被狐狸或者猎人发现。这只兔子还小,也不太聪明。它压根没有注意到，小岛周围河中的冰块正在噼里啪啦地裂开。

那天，兔子正安逸地躺在灌木丛下睡大觉。太阳晒得它暖洋洋的，它一点也没发觉河水在迅速上涨，一直到身下的毛湿了，这才惊醒过来。它一跃而起，周围已是一片汪洋。开始涨大水了。现在水刚漫过兔子的脚背，它慌忙往岛中央逃，那里还是干燥的。

可是，河水上涨很快，小岛变得越来越小，兔子急得来回乱窜。它发现整座小岛很快就要淹没在水中了，可是它又不敢往湍急冰冷的河里跳。它不可能横渡过这条汹涌澎湃的大河的。就这样过去了整整一天一夜。

第二天早晨，小岛只剩下一小块地方露出水面，一棵树干粗而多节的大树长在上面。这只吓得魂不附体的兔子，绕着树干乱窜。第三天，河水已经涨到树下了。兔子开始往树上跳，可是每次都失败了，扑通一声掉到水里。终于，兔子跳上了离地面最近的那根粗树枝。它凑合着坐在上面，耐心地等待洪水退去：河水已经不再上涨了。

它并不担心会饿死，因为老树皮虽然又硬又苦，但终归是可以吃的。风最可怕，它猛烈地摇晃着大树，兔子几乎抓不住树枝。它仿佛是一个趴在轮船桅杆上的水手，脚下的树枝，好比船只的横骨在左右摇晃，脚下奔淌着幽深冰凉的河水。大树、木头、树枝、麦秸和动物的尸体沿着宽阔的河流，从兔子身子底下漂过。当它看到有只兔子随着波浪一上一下，慢慢地从它身旁漂过时，这只可怜的小兔子吓得浑身发抖。那只死兔子的脚被一根枯树枝缠住了，肚皮朝天，四脚僵直，跟树枝一起漂浮着。

兔子在树上待了三天。水终于退了，兔子跳下了地。

现在，它只好留在河中间的小岛上了。一直等到炎热的夏天，河水变浅了，它才可以跑到岸上去。

松鼠乘船

在春水泛滥的草地上，一个渔夫撒下袋形渔网捕捞鳊鱼。他划着一只小船，在冒出水面的灌木丛中缓慢穿行。他看见一只模样奇特的淡棕色蘑菇长在一棵灌木上。冷不防，那只蘑菇跳了起来，径直跳进渔夫的小船里。这只蘑菇一到船里，立刻变成一只浑身湿透、毛发乱蓬蓬的松鼠。

渔夫把松鼠带到岸边，松鼠立刻跳出小船，欢蹦乱跳地跑进树林里。谁也不知道，它为什么会出现在水中的灌木丛上，在那里究竟待了多长时间。

连鸟类都在遭罪

当然，对鸟类来说，水灾没有那么可怕。但是，它们也饱受春汛的困扰。浅黄色的鸦鸟在大水渠边筑了巢，在巢里产了蛋。春汛期间，鸟巢被冲坏了，蛋也给冲走了，鸦鸟只得另寻筑巢之处。

沙锥待在树上，急不可耐地等待大水退去。沙锥住在林中的沼泽地上，用长嘴巴插到柔软的泥土里寻找食物。它天生一双便于在泥地上行走的脚。如果让它在树干上站着，那么就像狗站在栅栏上一样难受。不过，它还得在树上待着，一直等到可以再次在柔软的沼泽地上行走，用长嘴巴在地上挖洞。它绝不会离开这块沼泽地!因为其他地盘已经被别的沙锥占领，它们是不会让它进去的。

意想不到的猎物

我们的一位森林记者，同时也是一位猎人，悄悄地靠近一群栖息在湖上灌木丛后面的野鸭。他穿着一双长筒雨靴，轻轻地移动着脚步，漫上岸的湖水已经没到他的膝盖。

突然，一阵喧嚣声和泼水声，从他面前的灌木丛后面传来。紧接着，他看见一个长长的、光溜溜的灰脊背在浅水里晃动。他不假思索地用打野鸭的霰弹，对准这只不知名的怪物连开两枪。灌木丛后面的水一阵翻腾，泛起许多水泡，接着一片沉寂。猎人走过去，看见他打死的是一条长约一米五的梭鱼。

在现在这个季节，梭鱼从江河湖泊游到被春水淹没的岸上，在草丛里产卵。这里的浅水很暖和。小梭鱼从卵里孵出之后，就跟随着退下来的春水，游到江河湖泊里去。猎人对此一无所知，否则他一定不会干违法的事。法律禁止猎杀春天游到岸边产卵的鱼。即使梭鱼和其他食肉鱼，都不能捕捉。

最后的冰块

冬天，一条冰道横穿小河，这也是集体农庄庄员驾着雪橇行走的道路。但是，春天到了，小河里的冰往上浮并裂开来。于是，这一段冰道就摇摇晃晃地顺流而下了。

这是一块肮脏不堪的冰,上面留有马粪、雪橇的车辙和马蹄印。冰块当中,还丢弃着一只马掌钉。一开始,冰块在河床里漂浮着。一些小白鸟(鹡鸰)从岸边飞到冰块上,捕食冰上的小苍蝇。后来,河水漫上岸,冰块被冲到草场里。鱼儿在冰底下穿跃,在春水泛滥的草场上来回游弋。

一只瞎眼的黑色小野兽蹦出水面,并爬上了冰块。这是一只鼹鼠。春水淹没了草场,它在地底下无法呼吸,只好浮出水面。后来,冰块的一角恰好碰到干土丘,鼹鼠趁机跳上土丘,赶紧钻到土里面去了。

冰块继续向前漂浮。它越漂越远,最后漂进了森林,被一只树墩挡住了。鼹鼠和小兔子等一大批受灾的陆栖小动物,立刻聚集到冰块上来。它们遇到了相同的灾难,都面临着死亡的威胁。它们又怕又冷,浑身颤抖,互相偎依在一起。不过,水很快开始撤退了。太阳晒融了冰块,只剩下马掌钉子还留在树墩上。小野兽们爬上岸,四散着跑开了。

冬天鱼儿在干什么

冬天,在数九寒冬的冰冷季节,许多鱼儿睡得正香。

鲫鱼和冬穴鱼早在秋天就钻到河底的淤泥里。鮈(jū)鱼和小鲤鱼在铺着沙子的洞穴里过冬。鲤鱼和鳊鱼在长满芦苇的河湾和湖湾的深坑里过冬。鲟鱼秋天就聚集到不完全结冰的大河底的洞穴里,挤成密密的一团。毕竟河越深,靠近河底的水就越暖和。

在本期的《森林报》上,你们也可以读到几乎不冬眠的鱼干些什么事。上面所说的那些冬眠的鱼,现在都已经苏醒过来,迫不及待地开始产卵。

祝你一钓一个准

按照古代一种挺滑稽的习俗,对出发去打猎的猎人得说:"祝你连根羽毛也捞不着!"与之相反,对出发去钓鱼的人得说:"祝你一钓一个准!"

在我们读者中有不少钓鱼迷。我们不仅预祝他们成功,而且还准备用忠告和指南来帮助他们,告诉他们何时何地什么鱼容易上钩。

河开冻后,可以立刻把钓鱼竿垂到河底,用蚯蚓钓江鳕。等池塘里和湖里的冰一融化,就可以钓红鳍鱼。红鳍鱼喜欢躲在河岸边隔年的草丛里。稍后,就可以捕捉圆腹条了。水变清后,可以用渔网捕大鱼,用鱼饵钓小鱼。

著名苏联捕渔业专家库尼洛夫曾经说过:"钓鱼人应该了解鱼类在一年四季和各种气候条件下的生活习性,这样,当他来到河边或湖边时,才能准确选择适合钓鱼的位置。"

随着春水退去,河岸显露,水也变清了,可以开始在下列地方钓梭鱼、硬鳍鱼、鲤鱼和鳜鱼:在小河口和小支流里;在浅滩和石滩旁;在陡岸和深湾旁,特别是在有浸泡在水里的乔木和灌木的地方;在鱼钩可以甩到航道当中的平静的、狭窄的水域;在桥墩下、小船或木筏上;在水磨坊的坝上。无论在深水里,还是在岸边灌木丛下的浅水里,都可以钓鱼。

库尼洛夫还说:"从早春到深秋,在任何水域,都可以用带鱼漂的、适合钓各种鱼的钓鱼竿。"

从五月中旬开始,就可以在湖泊和池塘里用红虫子钓冬穴鱼;稍后,可以钓斜齿鳊、鳜鱼和鲫鱼。河岸的草丛旁、灌木丛旁和一米五到三米深的河湾,都是钓鱼的最佳位置。不要在一个地方待太久。如果鱼不再上钩,就换到另一丛灌木旁,或者芦苇丛、牛蒡丛旁。驾着小船钓鱼更加方便。

待到小河里的水一变清,就可以在岸边钓各种鱼了。在平静的小河边,钓鱼的绝佳位置为:陡峭的岸边,水中留有树枝和灌木的河中心的洼地,岸边长有杂草和芦苇的小河湾。

有时候,由于河岸泥泞,周围都是水,很难接近小河湾和灌木丛。但是如果设法踩着草墩,或者穿着高筒雨靴走到岸边去,把鱼饵甩到牛蒡后或者芦苇丛里,就可以钓到很多鳜鱼和斜齿鳊。当你沿着岸边走时,必须耐心寻找好地方。你必须拨开树丛,把钓鱼竿从树枝间伸出去,把鱼饵甩在人们还未钓过鱼的地方。吸引钓鱼者的好去处还有:桥墩旁、小河口和水磨坊的坝上。在这些地方,总能找到鱼,成功地钓到鱼。

必须用豌豆、蚯蚓和蚱蜢做诱饵钓大鲤鱼,可以在岸边用普通的、带鱼漂的钓鱼竿钓;有时也可以用不带鱼漂的钓鱼竿钓。从五月中旬到九月中旬,都可以用不带鱼漂的钓鱼竿钓鱼。

钓鲑鱼和淡水鳜的好地方是：大坑、河道弯曲的急流旁，平静无风的林中小河，周围堆满了被风刮倒的树木，岸边长有许多灌木的深水潭，堤坝下和石滩下。某些鳜鱼，必须在石滩和靠近暗礁的地方钓。必须在离岸不远的、湍急的浅水中，或者在铺有砾石的支流中，钓小鲤鱼和一些不太大的鱼。

森林里的战争

森林部落之间，总是发生战争。我们派出特约记者，到战事前线采访。首先，我们的特派记者到了长着白胡子的百岁老枞树国。每个老枞树战士，都有接在一起的两根电线杆那么高，有的甚至有三根电线杆那么高呢。

枞树国阴沉沉的。老枞树战士们笔直地站立在那儿，阴郁地一言不发。它们的树干，从根部到树梢都是光溜溜的，只偶尔有些弯弯曲曲的枯树枝，凸立在树干上。在远离地面的高处，巨树们茂密的树枝缠绕在一起，编织成了一道密不透风的帘子，又似一座大屋顶，遮蔽住整个国家。阳光射不进厚厚的幕帐，下面一片昏暗，气闷难忍，散发出一股潮湿腐朽的味道。偶尔出现在这里的各种绿色小植物，也全都枯萎凋零了；只有灰藓和地衣对这个阴暗国度的生活感到满意。它们喝主人的血——树液，贪婪地黏附在那些在战争中牺牲的巨树的尸体上。特约记者在这里没有看见一只野兽，也没有听见一声鸟鸣。他们只碰到一只离群索居的猫头鹰，它是为了躲避耀眼的太阳光才藏到这里来的。它被我们的记者吵醒了，浑身汗毛竖起，胡子颤抖，角状的钩形嘴发出可怕的啪嗒声。

不刮风的日子，在枞树部落的国度里，一片死一般的沉寂。每当风从树顶刮过的时候，这些直立挺拔的巨树，只是摇摇针叶茂密的树梢，气哼哼地发出嘘嘘声。在老树林里，数巨大的枞树个头最高、最强悍，成员也最多。

我们的记者离开枞树国,来到白桦林和白杨部落国。白皮肤、绿卷发的白桦树和银皮肤、绿卷发的白杨树,用沙沙声热情地欢迎他们。数不清的小鸟在林中歌唱。阳光透过树梢的叶子倾泻下来,把天空照得色彩斑斓。空中不时闪过一道太阳的反射光,形成金色的小蛇、圆圈儿、月牙儿和小星星,在光溜溜的树干上滑过。地上密集地长着各种低矮的小草。显然,它们在主人的绿帐篷下感到轻松自在,像在自己家里一样。野鼠、刺猬和小兔子,在记者脚下蹿来蹿去。每当风从树顶刮过的时候,这快乐的国度里热闹非凡。无风的日子里,这里也并非静悄悄的:白杨树叶微微摆动着,发出沙沙的响声,它们日日夜夜都在窃窃私语。

　　这个国家以河为界,河那边是一片荒漠,一块巨大的砍伐迹地。冬天,林业工人们刚在那里砍伐过原木。在这片荒漠背后,又是巨大的枞树部落,像一堵黑黝黝的墙似的矗立在那儿。记者明白,只要森林里的雪一融化,这片荒漠就不再是荒漠,立刻变成一个战场。森林里各部落的居住地拥挤不堪。一旦附近腾出一点空地,每个部落都急于占领。记者渡过河,在砍伐迹地上搭了个帐篷住下来,以便作这场战争的见证人。

　　一个阳光明媚的温暖早晨,从远方传来一阵手枪对射似的噼啪声。记者连忙赶到那里。原来枞树发起了进攻,它们派出空军占领空地。太阳晒热了枞树的大球果,球果发出噼里啪啦的爆裂声,一个接一个地裂开来。每次迸裂时,都发出砰的一声,仿佛是从玩具小手枪里发出来似的。紧包着球果的鳞片一下子膨胀开来。球果好比秘密的军事掩蔽所,打开后,许多细小的滑翔机(种子)立刻从里面飞出来。风托住它们,一会儿抬得高高的,一会儿又放得低低的,在空中旋转着,一路前行。每棵枞树都结了成百上千只球果。每只球果里隐藏着大约一百架小滑翔机(种子)。无数种子在空中飞舞,降落在砍伐迹地上。不过枞树种子有点重,而且只有一只翅膀。小风不能把它们送得很远。它们没能飞到大片的砍伐迹地,只飞了一小半路,就掉到地上了。几天后,借助于一场大风,枞树的小滑翔机才全部占领了空地。紧接着,是几个春寒料峭的早晨,娇嫩的种子差点冻死。幸亏后来下了一场温暖的春雨,大地变松软了,这批小移民才被收留下来。

　　当枞树部落占领砍伐迹地的时候,河对岸的白杨树正在开花。它们

那毛茸茸的菜荑花序里的种子,才刚刚开始成熟。

又过了一个月,夏天就要到了。在阴森森的枞树国里,开始欢庆佳节。红蜡烛(新球果)在枞树枝上点燃。枞树换了新装,金黄色的菜荑花序满缀在深绿色的针叶树枝上。枞树开花了,它们在暗暗准备明年用的种子。

那些埋在砍伐迹地里的枞树种子,被温暖的春水泡胀了。现在它们已经可以作为小树苗钻出来,向这个世界报到了。

而白桦树还没有开花呢!

森林记者坚信新大陆将被枞树完全占领,其他森林部落来晚啦。他们预料战争不会爆发。

在编辑下一期《森林报》的时候,编辑部希望能收到记者们发来的最新的详细报道。

集体农庄纪事

雪刚一融化,集体农庄庄员们就把拖拉机开到田里去了。用拖拉机耕地,用拖拉机耙地。假如给拖拉机装上钢爪,它还能把树墩连根拔起,开辟新的农田。

紧跟在拖拉机后面,大模大样、摇摇摆摆地走来一群黑里透蓝的白嘴鸦;稍远处,灰色的乌鸦和两肋雪白的喜鹊在蹦蹦跳跳。要知道,被犁和耙从土里翻出来的蛆虫、甲虫及其幼虫,可都是鸟儿们最爱吃的美味点心。

农田耕过了,耙好了,拖拉机已经拖着播种机在田里播种了。精挑细选的种子从播种机里均匀地一行行撒在地上。在我们这儿,最先播种亚麻,然后播种娇嫩的小麦,最后种燕麦和大麦。这些都是春播作物。

至于秋播的黑麦和小麦,现在已经长到离地四分之一俄尺(一俄尺相当于 0.71 米)高了;这两种麦子早在去年秋天就种上了,在雪下过了一冬,现在长势良好。

在那生机勃勃的绿色田野里,当天蒙蒙亮和夜幕降临的时候,似乎总有一辆看不见的大车在吱吱叫,又好似有一只大蟋蟀在唧唧叫:"契尔维克!契尔维克!"哦,不是的,既不是大车、也不是蟋蟀在叫,而是美丽的田公鸡(灰山鹑)在叫。它灰不溜秋的,夹杂着白色的花斑,面颊和头颈呈橘黄色,红色的眉毛,黄色的脚。它的妻子雌山鹑已经在绿色田野的某个地方筑了巢。

草场上的幼草泛青了。每当黎明时分,住在木屋里的集体农庄的孩子们,被一阵阵响亮的马嘶声和牛羊叫声吵醒。牧童们已开始把牛群、羊群往草场赶了。

有时,人们会看到慈乌和白嘴鸦这些奇怪的骑手,骑在牛背和马背上。牛走着,长着翅膀的小骑手不停地用嘴巴笃、笃、笃地啄牛背。牛完全可以甩甩尾巴,像赶苍蝇似的掸掉它们。可是牛却耐着性子,不赶它们。这是为什么呢?

道理很简单:小骑手们的分量不重,还能给牛和马带来好处。原来,慈乌和白嘴鸦是在啄食藏在牛毛、马毛里的幼虫,以及被苍蝇磨破、碰伤的地方所产的卵。

肥嘟嘟、毛烘烘的雄蜂早就醒来了,嗡嗡地叫着;亮闪闪、身段苗条的黄蜂飞舞着;蜜蜂也该出来了。集体农庄庄员们把在暖蜂室和地窖里过冬的蜂房拿出来,放在养蜂场上。长着金色翅膀的蜜蜂纷纷从蜂房里爬出来,先晒会儿太阳,晒暖后张开翅膀,飞到各处去采集香甜的花蜜。这还是它们今年第一次采蜜呢。

在集体农庄植树

春天,在列宁格勒州的集体农庄里栽种了几千公顷的树林。在许多地方,新培育了面积从十到五十公顷不等的树苗圃。

■发自列宁格勒塔斯社

集体农庄新闻

新城市

昨天晚上,在果园附近长出了一座新城市。城里的房子干净卫生。据说,这些房子不是造起来的,而是用轿子抬来的。城里的居民对温暖的天气感到很高兴,纷纷出来散步。它们在屋顶上空盘旋,熟悉街道和住房。

■发自尼·米·芭芙洛娃

马铃薯过节

要是马铃薯会唱歌,今天你们一定能听到一首最快乐的歌。今天是马铃薯的盛大节日,要把它们运到田里去了。人们小心谨慎地把它们装到木箱里,放到汽车上,然后运走。

为什么要小心谨慎呢?为什么装在木箱里而不是麻袋里呢?因为每一颗马铃薯都发芽了。芽长得多么好啊:短短的、胖胖的、毛茸茸的,光照充足。它们的下部宽,长着许多白色小凸包,就快长出根来了。芽的上部尖尖的,可以看到很多细小的叶子。

神秘的坑

在学校的附属地块里,早在秋天就挖好了一些坑,但不知是干什么用的。经常看见青蛙掉在坑里,有人就以为这是专门为捕捉青蛙而设的陷阱。

不过现在连青蛙都明白了,这些坑是用来栽果树的。

孩子们在坑里栽上苹果树、梨树、樱桃树或李子树,每个坑里栽一棵。

在坑中间竖根木桩,把小树缚在木桩上。

修指甲

集体农庄的专业理发师给牛修指甲。他帮牛洗脚,把它们的脚趾甲都给剪短了。牛很快就要到牧场去了,它们的四条腿应确保完好无损。

开始干农活了

拖拉机在田里日夜轰鸣。夜里，它们独自工作；到早晨，就有一群慈鸟擅自跟定了拖拉机。它们忙得不亦乐乎，还是吃不完被拖拉机翻出来的蚯蚓。

鸥也非常喜欢吃蚯蚓和在土里过冬的幼小甲虫，因此在江河湖泊附近，跟在拖拉机后面的，就不是一群群的慈鸟，而是一群群白色的鸥鸟。

令人奇怪的芽

一种奇怪的芽长在一些黑醋栗丛上。芽长得很大、很圆。有些芽张开了，很像小小的甘蓝叶球。借助于放大镜，我们仔细研究了这些芽，不由地失声惊叫起来，里面住满了令人讨厌的生物：长长的，弯弯的，还蹬着腿、吹着胡子呢。

怪不得芽膨胀得这么厉害。原来藏在芽里面过冬的是扁虱。对于黑醋栗来说，扁虱是最致命的敌人。它们毁坏了黑醋栗的芽，还把疾病传染给黑醋栗，害得黑醋栗结不了果。

假如在一棵黑醋栗上膨胀的芽不多，就必须在扁虱还没爬出来之前，赶快把芽摘下来烧掉。而那些膨胀芽多的黑醋栗，就只能整棵烧掉了。

成功的飞行

一批一岁的小鲤鱼飞到了五一集体农庄。它们装在矮木箱里，乘着飞机来的。虽然鱼一般不飞行，但它们都活着，很健康，已经兴高采烈地在集体农庄的池塘里游泳了。

城市新闻

植树周

冰雪消融，春回大地。在城市的各区里，开始了植树周。春天里，这些植树的日子被称为植树节。

孩子们在学校附属地块上、花园里、公园里、住宅周围和大路上忙碌，为植树做准备。

涅瓦区少年自然科学家实验站准备了几万棵果树苗。

苗圃把两万棵枞树、白杨和枫树的苗木，划拨给海滨区的各学校。

■发自列宁格勒塔斯社

种子储蓄罐

田野一望无际，得造多少林，才能保护这么多田地不受风的侵袭啊！学校的孩子们都了解植树造林对于国家的重要意义。所以，春天的时候，在六年级 A 班教室里，放了一只大木箱——树苗种子储蓄罐。枫树种子、白桦树的葇荑花序、结实的棕色橡实等纷纷往罐里倒。孩子们用桶装着种子，带到学校来。比如维加，他单单椶树种子就收集了十公斤。到了秋天，树苗种子储蓄罐装得很满了。我们把收集到的种子全部上交，用来开办新的树苗圃。

■发自丽娜·波良考娃

在果园和公园里

树木被一层像呵出的气似的、柔和而透明的绿色薄雾笼罩起来。只要树一开始长叶子，雾就会自动消散。

一只漂亮的大蝴蝶（长吻蛱蝶）飞来了。它的羽毛像天鹅绒似的柔软，浑身呈棕色，夹杂着浅蓝色斑点，翅膀的末端是白色，宛如褪了色一般。

还有一只有趣的蝴蝶也飞出来了。它长得很像荨麻蛱蝶，但个头比荨麻蛱蝶小，颜色没那么鲜艳，是浅棕色的。它的翅膀上坑坑洼洼的，翅翼仿佛被扯破了一般。

请抓一只来仔细瞧一瞧，在它的翅膀下部你会看到有一个白色的字母"C"。也许你会认为有人故意给它刻上了白色字母"C"作标记。它的学名就叫做"C"字白蝶。小粉蝶和大白蝶这些白蝴蝶也很快就要飞来了。

七鳃鳗

在我国，从列宁格勒到库页岛，在大小不一的江河里，都可以看到一种模样奇特的鱼。它的身子又瘦又长，猛一看，你会以为是条蛇呢。它的身体两侧没有鳍，只在靠近尾巴的背上长着鳍。它游泳的时候，像条蛇似的一扭一扭的。它没有鳞，皮肤松软；它的嘴也不像普通的鱼嘴，而是一个漏斗形的圆洞，是个吸盘。看到这个吸盘，你会认为它压根不是鱼，而是条巨大的水蛭。这就是七鳃鳗。

由于在它的眼睛后面、身体两侧，一边有七个呼吸孔(即七个鳃)，所以在我国农村，人们又把它叫做七孔鳗。

幼小的七鳃鳗很像泥鳅。孩子们经常抓住它，挂在钓钩上做诱饵，以捕获凶猛的大鱼。有时，七鳃鳗会用吸盘吸附在大鱼身上，跟着大鱼周游世界，大鱼怎么也甩不开它。渔夫们还说，有时七鳃鳗还会吸附在水底的石头上。一旦吸住石头，它就会全身扭动起来，不停地拖、拽，最后把石头都搬动了。七鳃鳗的力气竟然有这么大！它搬开石头后，就在石头下面的坑里产卵。所以这种令人称奇的鱼还有个学名，叫做吸石鳗。

它长得是不太好看，可是把它用油煎一煎，再蘸点醋，却是道美味佳肴呢！

街上的生活

每天夜里，蝙蝠开始空袭城市郊区。它们丝毫不关注路上的行人，只顾一心一意地在空中抓捕蚊子和苍蝇。

燕子飞来了。在我们列宁格勒州，一共有三种燕子：一种是家燕，它长长的尾巴像把叉子，喉部长着一个火红色的斑点；一种是金腰燕，尾巴短短的，喉部呈白色；一种是灰沙燕，小巧玲珑，呈灰褐色，胸脯雪白。

家燕的巢做在城市郊区的木头房子上；金腰燕直接在石头房子上筑巢；而灰沙燕则在悬崖的岩洞里孵小燕子。

燕子飞来后，又过了许多天，雨燕才飞来。很容易区分雨燕和燕子，雨燕的叫声很刺耳，常常在房顶上飞来飞去。它们看上去通体乌黑，翅膀也不像普通燕子那样呈尖角形，而是半圆形，像一把镰刀。会叮人的蚊子也飞出来了。

城市里的鸥

涅瓦河刚刚解冻，鸥就飞到了河面上空。它们丝毫不害怕轮船和城市的喧闹，在人们的眼皮底下悠然自得地从河里捕小鱼吃。

鸥飞累了，就径直落到铁皮屋顶上休息。

长着翅膀的旅客乘飞机

只有听到那音调均匀的嗡嗡声,你才会猜想到坐在飞机里的是长着翅膀的小乘客。一批高加索蜜蜂分坐在两百间舒适的客舱(即三合板做的木箱)里。飞机把八百个蜜蜂家庭,从库班运到了列宁格勒。

旅途中,给这些小旅客提供了丰盛的"蜜粮"。

■发自尼·伊凡琴科

晴天雪

5月20日。早晨阳光灿烂,东方天空蔚蓝,没想到这时竟下起雪来了。晶莹的雪花,像萤火虫似的,缓慢地、轻盈地在空中飞舞。

冬爷爷呀,请别吓唬人,现在雪花的寿命可长不了!就像夏天的晴天雨一样,太阳透过雪花露出笑脸,这样的雪只会使蘑菇长得更快。雪一落到地上,就化了。

如果我到郊外森林转一转,也许会碰上一个大惊喜。在那融化的雪花下面,我也许会找到满是褶子的褐色菇伞,这就是早春第一批鲜美的蘑菇:羊肚菌和鹿花菌。

■发自森林记者维利卡

咕咕

5月5日清晨,在郊区公园里响起了第一声"咕——咕!"

一周后,在一个温暖而宁静的夜晚,忽然有只鸟在灌木丛里鸣叫起来,叫声非常清脆悦耳。起初轻轻地鸣唱,然后越来越响,最后大声呼叫啼啭起来,宛如细碎的豌豆纷纷往下撒!

这时,大伙立刻明白了,原来是夜莺在歌唱。

少年米丘林工作者大会

三十年前,列宁格勒州的小学生们拜访过米丘林。米丘林告诉小客人们,在伟大的改造自然的工作中,他们可以如何帮助大人。

列宁格勒的米丘林工作者们,在本次大会上也回忆起这件事。列宁格勒市和列宁格勒州三万五千多个少年米丘林工作者,派出各自的代表参加本次大会。春天,他们做了四万五千个人造鸟巢挂起来,栽种了二十万棵果树,并且照料树木,保护绿色朋友和集体农庄的庄稼。

■发自列宁格勒塔斯社

歌舞月(春三月)

森林中的大事

森林乐队

莺在这个月里唱起歌来,不分白天黑夜,一直啼啭。孩子们很惊讶,它到底什么时候睡觉啊?原来春天鸟没工夫睡大觉,它只睡一小会儿,唱一首,打个盹儿,然后再唱第二首;半夜里睡一小觉,中午再睡一小觉。

每逢清晨和黄昏,不单是鸟,森林里所有的动物都在吹拉弹唱,各显神通。在森林里既可以听到清脆的独唱、小提琴独奏、敲鼓声和吹笛声,也可以听到吠叫声、嗥啸声、咳嗽声和哼唧声,还可以听到吱吱声、嗡嗡声、呱呱声和咕嘟声。燕雀、莺和擅长唱歌的鸫鸟,用清纯的声音歌唱,甲虫和蚱蜢拉着小提琴,啄木鸟敲着鼓,黄鸟和小巧玲珑的白眉鸫吹着笛子,狐狸和白山鹑吠叫着,牝鹿咳嗽着,狼嗥啸着,猫头鹰哼唧着,丸花蜂和蜜蜂嗡嗡地响着,青蛙先是咕噜咕噜、然后又呱呱呱地叫着。谁也不感到难为情,即使没有好嗓子也无妨。动物们都按照各自的喜好选择乐器。

啄木鸟寻找声音清脆的枯树枝,这就是它们的鼓。它们那无比结实

41

的嘴巴，便是最合适的鼓槌。天牛嘎吱嘎吱地转动坚硬的脖子，难道这不像在拉小提琴吗？

蚱蜢的小爪子上有小钩子，翅膀上有锯齿，于是它便用小爪子挠翅膀。火红色的麻鹭把长嘴伸到水里，用力一吹，水咕噜咕噜直响，整个湖里响起一阵喧闹声，仿佛牛在叫似的。沙锥更是别出心裁，它竟然用尾巴唱起歌来。它一跃而起，冲入云霄，然后打开尾巴，头朝下俯冲下来。它的尾巴兜着风，发出一种恰似羔羊在森林上空的叫声。

森林乐队就是这样组成的。

客人

顶冰花宛如金星的花朵，早已闪现在乔木和灌木丛下，闪现在离地不是很高的地方。当树木还是光秃秃的、明媚的春光还能自由地直射到地面时，这些花朵就出现了。在阳光的照射下，顶冰花开花了，一旁的紫堇也开花了。

看到紫堇最先开出的花朵，我们快乐极了！它浑身上下都美极了：奇妙的淡紫色小花，开在长长的花茎尖端上，边缘锯齿似的叶子是青灰色的。

现在，顶冰花和它的朋友紫堇的最好时光已经过去了。树木太茂盛了，影响了它们的生存。不过，它们已经做好了"回家"的准备。它们的家在地下，它们只是到地面上来做客。种子一播下，它们就消失得无影无踪了。不过在深深的地底下，它们的小球茎和圆块茎却要度过整整一个夏天、一个秋天和一个冬天。

如果你想把它们移植到自己家里，那就要趁那些迟开的花朵还未凋谢的时候，赶紧挖起来。一定要小心翼翼地挖。有时，这种小植物的白色地下茎非常长，长得令人惊叹不已！通常，在土冻得厉害的地方，这些小客人的球茎和块茎，躺在离地面很远很远的地方。在暖和的、有东西覆盖着的地方，球茎和块茎就离地面比较近。当你往家里移植的时候，千万记住这一点。

■发自尼·米·芭芙洛娃

田野里的声音

我和同伴去田里除草。我们静悄悄地走着,突然听见鹌鹑从草丛里对我们说:"去除草! 去除草! 去除草!"我对它说:"我们就是去除草的呀!"可它还是自顾自地说:"去除草!去除草!"

我们经过池塘。池塘里,两只青蛙正把嘴巴探出水面,鼓动着耳后的鼓膜,拼命叫唤。一只青蛙叫道:"傻瓜!傻瓜!"另一只青蛙回答道:"你才是傻瓜!你才是傻瓜!"

我们来到田边,翅膀圆圆的田凫欢迎我们。它们在我们头顶上扑棱着翅膀,不停地问我们:"你们是谁? 你们是谁? "

我们回答道:"我们是从克拉斯诺雅尔斯克村来的。"

■发自森林记者库罗奇金
(来自克拉斯诺雅尔斯克村)

鱼的声音

有人在无线电收音机里,播放了记录着水底声音的录音带。从扩音器里传出的声音,把屋子里的人声都压倒了。这是一些人类从未听见过的声音:嘶哑的啾啾声、嘎吱嘎吱的尖叫声、不知是哪位的呻吟声和哼唧声、某种独特的呱呱声,又突然夹杂着一阵震耳欲聋的嗒嗒声。原来这是黑海里各种鱼类的声音。每一种鱼都有它独特的声音,很容易把它和水下王国里的其他居民区分开。

现在,多亏了特殊的水底音响收听装置(即敏感的水底"耳朵")的发明,我们才更加坚信水下王国根本不是静默无声的,鱼类也根本不是哑巴。这具有重大的现实意义。借助于水底测音机,我们可以探知,可供捕食的珍贵鱼类的聚居地及其转移方向。这样一来,就可以在确切知道鱼类行踪的情况下,才出发捕捞,而不是瞎猜一气、盲目出海。将来,人类也很可能学会模仿鱼类的声音,用这种方法来诱捕鱼群。

屋顶下

花粉是花朵中最娇嫩的部分。花粉一被打湿,就坏掉了。雨水、露水都对它有害。那么它是如何保护自己不受损害的呢?

铃兰、覆盆子、越橘的花朵,像小铃铛似的倒挂着,因此它们的花粉都藏在"屋顶"下。

SENLINBAO 森林报

金梅草的花朝天开。但是它的每一片花瓣，都像汤匙似的朝里弯，而且花瓣的边儿相互偎依，这样，就形成一只饱满的、四周封闭的小球。雨点打在花上，可是没有一滴雨水落到里面的花粉上。

凤仙花现在还在含苞待放，它的每一朵花蕾都藏在叶子下面。多么匪夷所思啊：花梗架在叶柄上，花就可以一直开在叶子底下，如同躲在屋顶下面。

野蔷薇花的雄蕊很多，每逢下雨，它就把花瓣合拢来。莲花碰到天气不好的时候，也会把花瓣合拢来。

毛茛(gèn)的花朵往下垂。

■发自尼·米·芭芙洛娃

森林之夜

一位森林记者给我们写信道："夜晚，我到森林里去，倾听夜森林里的声音。我听见了各种声音。可是，我不知道，这些声音都是属于什么动物的。那么，我该怎样为《森林报》描述这个夜森林呢？"我们答复道："请把你听见的声音描绘出来，我们会设法弄清楚的。"

于是，他给我们编辑部寄来了这样一封信：

老实说，我在夜森林中听到的，都是些乌七八糟的噪音，根本不像你们在报上所描写的那样，是什么乐队。

鸟鸣声慢慢安静下来，终于悄无声息了。已经是半夜了。

听，从高处的某个地方，传来一阵低沉的琴弦声。一开始声音很轻，后来越来越响，汇成一段厚重的低音；随后，声音又变得越来越轻，最后完全停止了。

我想："作为开场演出，倒还不错。虽然拉的是单弦，但总算开始了。"

突然，从树林里传来一阵狂笑："哈——哈——哈！唿——唿——唿！"这声音令人毛骨悚然。我感到似乎有群蚂蚁从我背上爬过。

我想："这是在夸奖音乐家呢，还是在嘲笑它？"

又是一阵寂静。等了好久。我想："不会再发出什么声音了吧。"

后来，我听见有谁在给唱机上发条，拼命地上啊，上啊，可就是没有音乐响起。我想："它的唱机是坏了，还是怎么了？"

终于不上发条了。万籁俱寂。可后来又上起来了：特勒勒，特勒勒，特勒勒，特勒勒……没完没了，讨厌至极。

发条终于上好了。我心想："现在该插入唱片，开始放音乐了吧。"

忽然，有人鼓起掌来了，巴掌拍得那么清脆、那么响亮。

我想："怎么回事？还没演奏呢，就鼓起掌来了？"

这就是我听到的全部声音。后来，又有人给唱机上了好长时间的发条，但什么音乐也没放出来，可是还是有人鼓掌。我很气愤，就回家了。

我们想说，森林记者不应该气愤。他最初听见的、像低音琴弦似的嗡嗡声，是甲虫(大概是金龟子)从他头顶上飞过。那令人汗毛竖起的哈哈大笑声，是大猫头鹰(灰林鸮)发出的。毫无办法，它的声音就是那么令人讨厌！

特勒勒，特勒勒，特勒勒，特勒勒，这是蚊母鸟在给唱机上发条。蚊母鸟也是夜里飞行的鸟，只不过它不是猛禽。蚊母鸟当然不会有唱机，声音是从它的喉咙里发出来的。它自己认为那是在唱歌呢！

鼓掌的也是蚊母鸟。它拍的当然不是手，而是用翅膀在空中啪啪啪地拍，那声音很像掌声。

它为什么要这么做呢？我们编辑无法解释这一点，因为我们自己也不知道呢。

也许它很开心，闹着玩的。

嬉戏和跳舞

鹤儿们在沼泽地上举办舞会。它们围成一圈，其中一只或两只走到中间来，于是舞会开始。起初很平常，只不过用两条长腿在蹦跶。后来越跳越起劲，索性放开跳了，那些花样百出的舞步，简直能把人笑死!转圈、蹿跳、打矮步，真像是踩着高跷在跳特列帕克舞。

周围的那些鹤儿，挥着翅膀不紧不慢地打拍子。而猛禽呢，在空中嬉戏和跳舞。表现特别突出的是雄鹰。它们飞到白云下，在高空中展示它们的灵巧。有时，突然把翅膀一收，从那高得令人晕眩的空中，像颗石子似的砸落下来，眼看就要碰到地面了，这才张开翅膀，转个大圈子，凌空而去；有时，却张着翅膀，停滞在深邃的高空，一动也不动，仿佛有根线把它拴在白云下似的；有时，忽然在空中翻起跟头来，好比小丑从天而降，回旋着,拍打着翅膀,不停地翻着跟头冲向地面,做着"翻跟头表演"。

最后飞来的一批鸟

春天就要结束了。最后一批在南方过冬的鸟,飞到了我们列宁格勒州。不出我们所料,这些鸟都穿着最鲜艳华美的衣服。

现在,草场上百花盛开,乔木和灌木都长满了新叶,这些鸟可以毫不费力地躲避猛禽的攻击。

有人在彼得宫的小河上看见了翠鸟。它穿着碧绿、棕色和蔚蓝三色相间的制服。它是从埃及飞来的。

长着黑翅膀的黄色金莺,在树丛里吹着笛子,又好似瘦弱的小猫在叫唤。它们是从南非飞来的。

蓝胸脯的小川驹鸟和色彩斑斓的野鸭,出现在潮湿的灌木丛里。金色的黄鹡鸰飞降在沼泽地上。

粉红胸脯的伯劳,戴着华丽的羽毛领子的五彩流苏鹬,还有绿蓝相间的佛法僧鸟,也都飞来了。

长脚秧鸡走来了

从非洲走来了长着翅膀的怪物:长脚秧鸡。

长脚秧鸡起飞很困难,而且飞得也不快。鹞鹰和游隼很容易在飞行途中把它捉住。不过,长脚秧鸡跑得飞快,而且擅长躲在草丛里。因此,它宁愿步行穿越整个欧洲,悄无声息地在草丛和灌木丛中行进。只有在万不得已的时候,它才会张开翅膀飞,而且只在夜间飞行。

现在,长脚秧鸡在我们这儿的高草丛里整天叫唤:"克里克——克里克!克里克——克里克!"你可以听见它的叫唤,但是假如你想把它赶出草丛,仔细看看它长得啥模样,那可办不到。不信你就试试看吧!

几家欢乐几家愁

现在,在森林里,谁都高高兴兴的,只有白桦树在哭泣。在炙热的阳光下,白桦树白色身躯里的树液越流越快,而且穿过树皮的孔流到外面来了。人们把白桦树液当做一种既好喝又有益的饮料,所以他们割开树皮,让树液流到瓶子里。树液如同人体里的血液,如果树木流出了过多的树液,它就会枯萎而死。

松鼠开荤

松鼠吃了一个冬天的素食。它吃松果,还吃秋天储存起来的蘑菇。现在该是它开荤的时候了。许多鸟已经筑了巢,产下了蛋,有的鸟甚至已经孵出了雏鸟。

在树枝上和树洞里找鸟巢,掏出小鸟和鸟蛋当饭吃,松鼠干起这一切可内行了。

在毁坏鸟巢这件事情上,这位啃东西的好手不会输给任何猛禽。

我们的兰花

在我国北方,这种有趣的花是稀世珍品。当你看见它的时候,不由自主地会想起它那声名显赫的亲戚:生长在热带森林里的奇兰。在那里,兰花长在树上,在我们这里,兰花只长在地上。在我们这里,有些兰花的根部令人称奇,像一只张开五个手指头的胖胖的小手。有的花美丽非凡,有的花却丑陋无比。不过,无论哪种兰花都香得沁人心脾,令人陶醉!

但是直到最近,我才在罗普萨头一回看到兰花里面最出色的一种。这种我从未见过的植物,开着五朵美丽的大花。我把其中的一朵朝上翻了翻,立刻厌恶地缩回了手,因为有一只怪模怪样的红褐色苍蝇盯在上面。我用花穗拍它,它却一动也不动。我再仔细看了看,原来这不是只苍蝇。它长着毛茸茸的短翅膀,身子像天鹅绒似的光滑,其中夹杂着浅蓝色的斑点。它有头,还长着一对触须。不过,这毕竟不是苍蝇,只是花的一部分。这种花叫做蝇头兰,那时我还从未见过这种花。

■发自尼·米·芭芙洛娃

找浆果去

草莓熟了。在阳光充足的地方,已经可以看见熟透了的红色草莓浆果。它香甜无比!你吃过以后,会久久地回味它的香味。

覆盆子也熟了。沼泽地上的桑悬钩子也快要成熟了。覆盆子枝上结了无数的浆果;每棵草莓却最多只结五个浆果。桑悬钩子最吝啬,它的茎端上只结一个浆果,而且并不是每一棵桑悬钩子上都结浆果。有的光开花,不结果子。

■发自尼·米·芭芙洛娃

这是只什么甲虫

我抓到一只甲虫，却不知道它的名字，也不知道该用什么来喂它。

它长得很像那种名叫瓢虫的甲虫，只不过瓢虫是红色的、带白色斑点，这只甲虫却通体乌黑。它有六只爪子，会飞。身子圆圆的，比豌豆稍大一点。背上长着两片黑黑的硬翅膀，硬翅膀下面长着黄色的软翅膀。每当它抬起黑翅膀、展开黄翅膀时，就起飞了。

当它遇到危险的时候，会把小爪子藏到肚皮底下，把触须和头缩起来，躲了起来，令人忍俊不禁。假如这时你把它拿在手里看，肯定不会说它是只甲虫。它更像一颗黑色水果糖。但是，如果等一会儿，谁也不碰它，它就会伸出爪子、探出头来，最后伸出触须。

恳请您回答我：这是只什么甲虫？

■发自柳霞(12岁)

编辑部的答复

由于你十分详细地描写了小甲虫，我们立刻就知道了它是只阎魔虫，也叫做小龟虫。它像乌龟似的，爬得很慢；它也会像乌龟那样，把身体缩到龟壳里面去。它的龟壳非常深，可以把头、脚、触须都藏进去。

有各种各样的阎魔虫：有黑色的，也有其他颜色的。它们都吃腐烂的植物和厩粪。

有一种长着细毛的黄色阎魔虫，住在蚂蚁窝里。它想去哪儿就去哪儿，然后又飞回蚂蚁窝里。蚂蚁从不打扰它。蚂蚁不仅保护蚂蚁窝，也保护房客阎魔虫，不让敌人攻击它。

燕子筑巢

(摘自少年自然科学家日记)

5月28日　有一对燕子在邻居木屋的屋檐下(正好对着我房间的窗户)筑巢。我非常兴奋，这下我可以亲眼看到燕子如何建造它那著名的小圆房子了。我可以看见从头到尾全部建筑过程。我还可以知道，它们什么时候开始孵蛋，如何喂养小燕子。

我注意观察小燕子，看它们飞到哪里去衔建筑材料，原来是从村子的小河边衔来的。它们飞到紧挨水边的河岸上，用嘴挖起小块淤泥，马

上衔着飞回木屋。它们轮流作业,把泥粘在屋檐下的墙上后,紧接着又去衔新的一块。

5月29日　不单我一个人看到新建筑感到高兴。今天一大清早,隔壁的一只大雄猫就爬上了房顶。这是只阴沉着脸的流浪猫,身上的毛都被抓破了,右眼也在跟别的猫打架时打瞎了。

它一直用眼睛瞅着飞来飞去的燕子,而且不止一次地向檐下张望,看巢有没有做好。

燕子惊慌地叫唤。既然猫待在屋顶上不走,它们就不再继续筑巢了。难道它们要永远离开这里吗?

6月3日　最近几天,燕子筑好了形状像把细细的镰刀的巢的底部。大雄猫经常爬上屋顶吓唬它们,干扰它们干活。从今天中午起,燕子压根没再飞来过,显然,它们准备放弃这项建筑工程了。它们将在别处找到比较安全的地方,那我可就什么也看不到了!

好沮丧啊,好沮丧!

6月19日　最近几天一直炎热。屋檐下那个用黑泥做成的镰刀形状的巢基干了,变成了灰颜色。燕子一次也没飞来。白天天空布满了乌云,不一会儿下起了白花花的雨来。这才叫真正的倾盆大雨!窗外仿佛挂起了一道用玻璃条编织成的细密的帘子。街上一股股雨水像小河似的在奔淌。小河泛滥了,水像疯了似的哗哗流淌,无论从哪里都不能涉水走过小河了。要是踩一脚岸边的稀泥,差不多没到膝盖了。

一直到将近黄昏的时候,雨才停。一只燕子飞到了屋檐下。它落到镰刀形状的巢基上坐了会儿,然后就飞走了。我想:“也许燕子不是被猫吓走的,只是因为最近它们找不到筑巢用的湿泥,它们也许还会飞来吧?”

6月20日　飞来啦!飞来啦!而且不只一对,有好大一群呢!它们在屋顶上盘旋着,不时地朝屋檐下看,激动地大叫,似乎在争论什么问题。它们商量了大约十分钟,然后只留下一只燕子,其余的都飞走了。只见燕子用爪子抓牢镰刀形状的泥巢基,待在那里一动不动,光顾用嘴修理巢基,或者也许是把它那黏糊糊的涎水涂在泥基上。我认为这只雌燕子是这个巢的女主人,因为马上飞来了一只雄燕子,它嘴对嘴递给雌燕子一团泥。雌燕子接过后继续筑巢,雄燕子又飞去衔泥了。

大雄猫又上了房顶,可是燕子不怕它了。燕子一声也不叫唤,一直干到太阳下山。看样子,我总算可以看见燕子巢完工了!但愿大雄猫的爪子不要够到它。不过,燕子自己最清楚应该把巢筑在哪里吧。

■发自森林记者维利卡

斑鸫的家

五月中旬的一天,晚上八点左右,我在我家的花园里发现一对斑鸫。它们停在白桦树旁的板棚上,白桦树上挂着一个我做的带活动盖的树洞形人造鸟巢。后来,雄斑鸫飞走了。雌斑鸫留了下来,它落到鸟巢上,但是没有钻进巢里。两天后,我又看见了雄斑鸫。它钻进了鸟巢,然后停到苹果树上。一只朗鸫飞了过来,于是两只鸟开始打架。原因很简单:朗鸫和斑鸫都是在树洞里筑巢的鸟。朗鸫想抢斑鸫的巢,但是斑鸫坚决不让。这对斑鸫在树洞状鸟巢里住了下来。雄斑鸫不住地唱着歌,从鸟巢里钻进钻出。

一只燕雀落在白桦树梢上,但是这丝毫未引起斑鸫的注意。这道理也是明摆着的:燕雀和斑鸫不是死对头,燕雀自己给自己做窝,不住在树洞里,而且这两种鸟吃的食物也各不相同。

两天后。早上,一只麻雀飞到了斑鸫巢里,雄斑鸫向它猛扑过去。于是,一场残酷的战斗在鸟巢里打响了。忽然,一点动静都听不见了。

我跑到白桦树旁,用木棍敲了敲树干。麻雀从鸟巢里蹿了出来。雄斑鸫却没有飞出来。雌斑鸫不停地绕着鸟巢飞,忐忑不安地叫唤着。我担心雄斑鸫被咬死了,就朝鸟巢里望了望。雄斑鸫还活着,只是十分衰弱无力。鸟巢里放着两个鸟蛋。

雄斑鸫在巢里躺了很久。它飞出来的时候,还是虚弱不堪。它停在地上,几只母鸡来追它。我很为它的命运担心,就把它带回了家,捉苍蝇给它吃。晚上,我又把它送回鸟巢。又过了七天,我朝鸟巢里瞧了瞧,一股腐烂的气息扑面而来。我看见雌斑鸫伏在巢里孵蛋。雄斑鸫躺在墙边。它已经死了。

我不知道,是麻雀再次闯入,还是在第一次战斗之后,雄斑鸫就受伤而死。甚至当我把雄斑鸫的尸体掏出来的时候,雌斑鸫都没飞出来。它最终还是把小鸟孵出来了。

■发自沃洛佳·贝科夫

森林里的战争(续一)

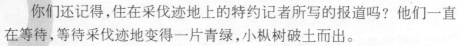

你们还记得,住在采伐迹地上的特约记者所写的报道吗?他们一直在等待,等待采伐迹地变得一片青绿,小枞树破土而出。

这一天真的来到了。下过几场温暖的春雨之后,在一个阳光明媚的早晨,采伐迹地一片葱绿。不过,到底是些什么家伙从土里钻了出来?原来,根本不是小枞树!不知从哪里冒出来一大群凶悍的野草,竟然抢到了小枞树的前头。这是莎(suō)草和拂子茅,长得既快又密。现在无论小枞树怎样拼命地从土里往外钻,它们还是来晚了:野草大军已经占领了采伐迹地。

第一场肉搏战打响了!小枞树用锋利得像矛枪似的树梢,艰难地拨开头顶层层叠叠的野草。野草们也竭尽全力地往小树身上压。战斗既在地面展开,也在地下打响。

野草和树木的根,就像凶恶的鼹鼠一样在地下乱钻。为了争夺那营养丰富、充满盐分的地下水,它们你缠我,我绕你,你勒我,我掐你。就这样,无数的小枞树始终未能见到太阳光。它们在地下就被像细铁丝一样既柔韧又结实的草根给勒死了。

而那些好不容易钻出地面的小枞树,面临的是野草茎那令人窒息的拥抱。野草紧紧缠绕住小枞树结实的树干。小枞树试图用尖树梢拨开富有弹性的、交织在一起的野草茎。可是,野草坚决不让小枞树钻到上面晒太阳。

只在个别地方,偶尔有几棵小枞树成功地钻到了野草大军的头顶。

当采伐迹地上的战斗进入白热化的时候,河那边的白桦树才刚刚开花。不过,白杨树已经为远征做好了准备,它们将在河对岸登陆。

白杨树张开了柔荑花序。从每一个柔荑花序里,都飞出了几百颗带白色刷毛的小种子(单腿小伞兵)。每位小伞兵的头上都有一顶白色的小降落伞。风兴高采烈地抓住小刷毛。比羽毛还要轻的小刷毛,不住地在空中打转,像朵白云似的被风带到了河对岸。风松了手,把它们均匀地撒在采伐迹地上,一直撒到枞树国的国界。单腿小伞兵们像雪片似的,飘到小枞树和野草的头上。一下雨,它们就被冲入地下,埋入土里。于是它们暂时失去了踪影。

日子一天天地过去了,采伐迹地上的战斗还在继续。不过,现在已经很明显,野草根本斗不过小枞树。野草拼命地想往高里蹿,但很快就停止了生长。小枞树却还在继续长高。

这下子,野草们的日子可不好过了。小枞树那宽大黝黯的针叶树枝,铺展到野草的头上,夺走了野草的阳光。在树荫里,野草很快败下阵来,无力地倒伏在地面上。

但是,这时另外一支队伍——小白杨从土里冒了出来。它们成群结队地来到这世界,显得惊慌不安,相互挤在一起,浑身发抖。它们迟到了,没有力量与小枞树决一死战了。

枞树把晦暗的针叶树枝伸到小白杨的头上, 小白杨只得蜷缩起身子。在树荫里,它们很快就枯萎了。白杨树非常喜爱阳光,离开太阳就活不了命。

枞树眼看就要胜利了。这时,又有一批新的敌国空降部队,降落在采伐迹地上。它们乘着两只翅膀的小滑翔机飞来,刚一露面,就躲进土里不见了。这是白桦种子。它们嬉戏着飞过了河,散落在整个采伐迹地上。

我们的特派记者还不清楚:它们能战胜先到的占领军——枞树吗?

我们将把有关它们的新报道,刊登在下一期的《森林报》上。

集体农庄纪事

集体农庄庄员们要干很多活,播种完后,必须把粪肥和化肥运到田里,给田施上肥,为秋播做好准备。接下来,必须忙菜园里的活:先种马铃薯,再种胡萝卜、黄瓜、芜菁、饲用芜菁和甘蓝。这时亚麻也长高了,该给它们除草了。

孩子们也没在家里闲着。他们在田里、菜园里、果园里忙碌,做大人的好帮手。他们协助大人播种、除草、修剪果枝。集体农庄里的活真多啊!他们得编完够用一整年的白桦帚,白桦帚是俄罗斯人用来洗澡的。他们把白桦树枝和枝叶扎成一束,洗澡的时候用来拍打身子,有点类似于我们洗澡用的丝瓜瓢。拔嫩荨麻。嫩荨麻可以用来做汤喝,用嫩荨麻和酸馍做的绿色菜汤美味极了。他们还用各种方法捕鱼:用钓鱼竿钓小鲤鱼、斜齿鳊、红鳍鱼、鳜鱼、鲈鱼、鳊鱼和鲔鱼等;撒下鱼簖(duàn)和鱼梁捕鳕鱼和小梭鱼;用鱼饵抓鳜鱼、梭鱼和鳕鱼。

晚上,他们用大捞网捕捞各种鱼。捞网就是用一根长竿子,在一头绑上袋形网做成的捕鱼工具。

夜晚,他们在河岸边装好捕捉龙虾的簖。他们坐在篝火旁,等待龙虾陆续爬进簖里。大家边等,边轮流讲故事,既讲滑稽故事,也讲恐怖故事。

清晨,再也听不到田公鸡(灰山鹑)在田里叫唤了。秋播的黑麦已经长到了齐腰高,春播的庄稼也长高了。

田公鸡依旧住在老地方,但是它不能叫唤了。它停在了巢旁边,巢里有蛋,雌山鹑正在巢里孵蛋呢。现在它必须沉默不语,否则会招来祸事的:不是鹰应声而来,就是孩子们或者狐狸跑过来,他们可全都是捣毁鸟巢的高手啊!

帮助大人们干活

刚一放假,我们少先队员就开始帮集体农庄庄员们干活了。我们在田里除草,消灭害虫。

我们既休息、又劳动,感觉好极了。

今后还有很多农活和麻烦事要做。马上就要收割庄稼了,我们将去拾麦穗,帮助女庄员们捆麦子。

■发自森林记者安娜·妮基吉娜

新的森林

在俄罗斯联邦的中部和北部地区,春季造林工作已经结束,一共建成了大约十万公顷的新森林。今年春天,在苏联欧洲部分的草原地带和森林草原地带,各集体农庄新开辟了大约二十五万公顷的护田林带。与此同时,集体农庄还创建了大批苗圃,明年将可提供十亿多棵乔木和灌木树苗。

到秋天,俄罗斯联邦林场将再新造几万公顷森林。

■发自塔斯社

集体农庄新闻

逆风助手

突击队员集体农庄收到寄自亚麻田的一封投诉信。小亚麻抱怨,田里出现了敌人——杂草。杂草多得让它们没法活了。集体农庄立刻派出女庄员去帮助亚麻。她们镇压敌人——杂草。细心呵护亚麻。她们脱下鞋子,赤着脚,小心翼翼地逆风行走。亚麻在女庄员的脚下,倒下去了,可是逆风把亚麻茎推了推,就把亚麻扶起来了。于是亚麻站起身来,似乎什么事也没发生过一样,它们的仇敌却被消灭掉了。

今天第一次

今天第一次把一群小牛犊放到牧场上去。它们高兴极了,撅起尾巴,尽情地跑啊、跳啊。

绵羊妈妈脱衣裳

在红星集体农庄的绵羊理发室里,十位经验丰富的剪毛工人,正在用电推子给绵羊剪毛。他们剪呀剪,把绵羊全身的毛都剪了下来,似乎给绵羊脱掉了一层皮。

当牧羊人把剪完毛的绵羊妈妈们放到小绵羊身边去的时候,小绵羊问:"谁是我的妈妈呀?"

小绵羊咩咩地叫,可怜巴巴地问:"妈妈,你在哪里呀?你在哪里呀?"牧羊人帮每一只小绵羊找到了妈妈,然后又回到绵羊理发室给下一批绵羊剪毛了。

牲口越来越多

集体农庄的牲口一天比一天多。光今年春天，就出生了多少只小马、小牛、小绵羊、小山羊和小猪呀！

昨天一夜时间，小河村的小学生家畜饲养室里的牲口就扩大了三倍。从前只有一只山羊，现在增加到四只：山羊妈妈卡姆什卡和三只小山羊——库加、穆萨和施嘎利克。

好日子就要到了

果园里的好日子就要到了。草莓已经开过了花，圆圆的樱桃树上，开满了白色的花，昨天梨树上也绽放出花蕾。一两天后，苹果树也要开花了。

在"新生活"集体农庄里

南方蔬菜——番茄秧昨天搬了新家，搬到了池塘边的田里。以前它们住在温室里。黄瓜秧做了它们的邻居。番茄——这些体格健壮的半大小伙子，正要开花。黄瓜秧小宝宝躺在白色的封套里，只露出个小鼻尖。土地妈妈保护它们，不让馋嘴的鸟儿看见它们。黄瓜秧能很快长高，赶上番茄吗？

帮助六只脚的劳动者

一说到跟农业有关的昆虫，我们立刻想起一大群个儿虽小，但是对于庄稼来说十分可怕的敌人。我们竟完全忘记了，有很多六只脚的小朋友，在田里给我们干活。我们竟忘记了，它们在给植物授粉的过程中，发挥着巨大的作用。有许多长着翅膀的六条腿的昆虫，比如蜜蜂、丸花蜂、姬蜂、甲虫、蝇类和蝴蝶，为黑麦、荞麦、大麻、苜蓿和向日葵等植物授粉，把花粉从一朵花送到另一朵花。

有时，这些小劳动者的力量还不够，不能满足全部庄稼的授粉需求。那么，我们就得亲自帮助它们。我们用一根长绳当耙子，为黑麦、荞麦、亚麻和苜蓿等授粉。两人各拉住长绳的一端，从开花植物的梢头上拖过去，把梢头稍稍压弯下来。这样，花粉纷纷从花上落下来，随风飘散到田里，或者沾到绳子上，被带到其他花上去。可以这样给向日葵授粉：先把花粉收集在一小块兔子毛皮上，再把兔子毛皮里的花粉撒到所有正在开花的向日葵花盘上。

■发自尼·米·芭芙洛娃

夏

筑巢月(夏一月)

各居其所

孵小鸟的季节到了。森林中的居民都给自己造了房子。

我们的记者决定去了解一下:那些飞禽走兽、鱼和昆虫都住在什么地方? 它们过得怎么样?

漂亮的住房

原来,现在整个树林里,从上到下都住满了。不论哪里,一点空地都没有了。地上、地下、水上、水下、树枝上、树干中、草丛里、半空中,全住满了。

黄鹂把住房盖在半空中。它用大麻、草茎和毛发,编成一间轻巧的小篮子形状的住房,把它高高地挂在白桦树枝上。小篮子里放着黄鹂的蛋。你说怪不怪,风吹动树枝的时候,蛋却不会打破。

百灵、林鹨、鸱和许多别的鸟把住房搭在草丛里。我们记者最喜欢篱莺的巢棚。它用干草和干苔搭成,带有棚顶,门开在侧面。

鼯鼠(松鼠的一种,脚趾间有一层薄膜相连接)、木蠹贼、小蠹虫、啄木鸟、山雀、椋鸟、猫头鹰和许多其他的鸟把住房盖在树洞里。

鼹鼠、田鼠、獾、灰沙燕、翠鸟和各种各样的昆虫把住宅建在地底下。

是一种潜水鸟。它的巢浮在水上，用沼泽地里的草、芦苇和水藻搭建而成。住在这只浮动的巢里，仿佛乘着木筏似的，在湖面上漂来漂去。

河榧子和银色水蜘蛛把小房子建在水底下。

最佳住房

我们的记者想找到一所最优秀的住房。原来，要确定哪一所住房最佳，可没那么容易呢!

雕的巢用粗树枝搭成，面积最大，搁在粗大的松树上。

黄头戴菊鸟的巢最小，只有小拳头那么大，而它自己的身子，比蜻蜓还小。

田鼠的住房构思最巧妙，有许多前门、后门和安全门。无论你费多大力气，也别想在它的房间里捉到它。

卷叶象鼻虫的住房最精美。卷叶象鼻虫是一种带长吻的甲虫。它咬掉白桦树叶的叶脉，等到叶子枯萎的时候，就把叶子卷成圆柱形，再用唾液粘牢。雌卷叶象鼻虫就在这圆柱形的小房子里孕育后代。

戴领带的勾嘴鹬和夜游神夜莺的家最简陋。勾嘴鹬直接把四个蛋产在小河边的沙滩上，夜莺把蛋产在小坑里或者树底下的枯叶堆里。它们都不肯花大力气造房子。

反舌鸟属于篱莺的一种，擅长模仿人的声音和其他鸟的叫声。它们的小屋子最漂亮。它的小巢搭在白桦树枝上，由苔藓和薄薄的桦树皮装饰而成。它还在别墅的花园里，捡到人们丢弃的彩色纸片，把它们编在巢上当做装饰物。

长尾巴山雀的小巢最舒适。由于它的身材很像一只盛汤用的长柄勺，因此它也被称作汤勺。巢的里层用绒毛、羽毛和兽毛编成，外层用苔藓粘牢。整个巢呈圆形，像只小南瓜。有个小圆门，开在巢的正当中。

河榧(fěi)子幼虫的小房子最轻巧。

河榧子是长着翅膀的昆虫。当它们停止不动的时候，便收拢翅膀，盖在背上，刚好能遮蔽全身。河榧子的幼虫还没长出翅膀，全身赤裸，没有东西可以遮挡身体。它们住在小河和小溪底。

河榧子的幼虫先找到跟自己的脊背差不多长的细树枝或者芦苇,接着把沙泥做成的小圆筒糊在那上面,然后倒爬进去。

这真的很方便:或者,全身躲进小圆筒里,在里面安心地睡上一觉,谁也看不见它;或者,伸出前脚,背着小房子,在河底爬上一阵子。这所小房子可轻了。

有一只河榧子的幼虫,找到一支掉在河底的香烟,便钻了进去,就这样带着它四处旅行。

银色水蜘蛛的房子最不同寻常。它先在水底下的水草间铺一张蜘蛛网,然后浮到水面,用毛茸茸的肚皮盛回一些气泡,放到蜘蛛网下。水蜘蛛就住在这种空气流通的水下小房子里。

还有谁会筑巢

我们的记者还找到了鱼巢和野鼠巢。

棘鱼给自己筑了个真正的巢。筑巢的工作由雄棘鱼来完成。它只捡分量重的草茎做建筑材料,即使用嘴把草茎从河底衔到河面上,草茎也不会漂浮。雄棘鱼用草茎铺设墙壁和天花板,先用唾液粘牢,再用苔藓堵住小窟窿。它还在巢的墙上开了两扇门。

小老鼠的巢跟鸟巢一模一样,由草叶和撕得很细的草茎编制而成。它把巢搭在离地大约两米高的圆柏树的树枝上。

用什么材料造房

用各种各样的材料,建成森林里的住房。

歌唱家鸫鸟把朽木屑当做水泥,涂抹在圆巢的内壁上。

家燕和金腰燕用自己的唾沫,把烂泥粘成巢。

黑头莺用又轻又黏的蜘蛛网,把细树枝粘牢搭成巢。

鸟会在笔直的树干上,倒立着跑上跑下。它住在洞口很大的树洞里。为了不让松鼠闯入巢里,它用黏土把洞口封起来,只给自己留个刚刚能挤进去的小洞。

碧绿、棕色和蔚蓝三色相间的翠鸟,造的巢非常有趣。它在河岸上挖了一个很深的洞,在小房间的地上铺了一层细鱼刺,这样,它就得到了一床柔软的床垫。

借住别人的房子

要是有谁不会造房子,或者懒得自己造房子,可以借住在别人的家里。

布谷鸟把蛋下在鹪鹩、知更鸟、黑头莺和其他会做巢的小鸟的家里。

树林里的黑勾嘴鹬找到了一个旧乌鸦巢,便在那里孕育起后代来了。

船柯(kē)鱼非常喜欢无主的虾洞。这种小洞在水底的沙岸上。船柯鱼就在小洞里产卵。

有一只麻雀把家安在了非常巧妙的地方。

它先在屋檐下筑了个巢,可惜被男孩子们捣毁了。

接着,它又在树洞里造了个巢,可是它产的蛋又被伶鼬拖走了。

于是麻雀把家安在了雕的大巢里。雕的巢是用粗树枝搭成的,麻雀把巢安在粗树枝之间,地盘很大。

现在,麻雀可以过安稳日子,谁也不用怕了。大雕根本不会去理会这么小的鸟。至于那些伶鼬、猫和老鹰,甚至于男孩子们,也不会再来破坏麻雀的巢了,因为谁都怕大雕呀!

集体宿舍

森林里也有集体宿舍。

蜜蜂、黄蜂、丸花蜂和蚂蚁造的房子,可以容纳成百上千的住户。

白嘴鸦把果园和小树林作为自己的移民区,在那里筑了许多许多的巢。鸥占用了沼泽地、沙岛和浅滩。灰沙燕在陡峭的河岸上凿了无数小洞,把河岸搞得千疮百孔。

巢里有什么

巢里有蛋。蛋的模样各不相同。

不同的鸟产不同的蛋,这不是没有道理的。

勾嘴鹬的蛋布满大大小小的斑点;歪脖鸟的蛋却是白色的,略微带点粉红色。

原因在于,歪脖鸟的蛋产在幽深阴暗的树洞里,谁也看不见它。勾嘴鹬的蛋却直接下在草墩上,完全裸露在外面。要是它们是白色的,那谁都会看到了,所以它们的颜色跟草墩一致。很可能你看不见它们,会一脚踩上去。

野鸭的巢筑在草墩上,而且也是毫无遮拦的。但它们的蛋却几乎是白色的,因为野鸭会耍计谋。当它们离开巢的时候,会咬下自己肚子上的绒毛,把蛋盖好。这么一来,蛋就不会被发现了。

为什么勾嘴鹬的蛋的一头尖尖的,而猛禽兀鹰的蛋是圆的?

这道理也很好懂:勾嘴鹬是一种小鸟,身子比兀鹰小四倍。勾嘴鹬下的蛋却很大。如果它的蛋不是一头尖尖的, 孵蛋的时候很容易放在一起:小头儿对着小头儿,紧靠在一起,不致占用很大的地方,那么它怎么能用它那小小的身体盖住那么大的蛋来孵它们呢?

可是,为什么小勾嘴鹬的蛋几乎跟大兀鹰的蛋一样大呢?

这个问题,只得等小鸟出蛋壳的时候,在下一期的《森林报》上解答了。

森林中的大事

狐狸怎样迫使老獾离开了家

狐狸家里遇到了祸事:洞里的天花板塌了,小狐狸差点被压死。

狐狸一看:事情不妙,得搬家了。

狐狸来到老獾家。獾挖了一个杰出的洞穴。出入口东一个西一个,里面分布着许多小地道,这都是为了防备敌人出其不意进攻时用的。

它的洞很大:可以住下两家人。

狐狸恳求獾分间房子给它住,獾坚决拒绝了。獾是个严厉的主人,爱干净,爱整齐,容不得哪儿有点脏东西。它怎么能让一个带着孩子的人住进来呢!

狐狸被獾赶了出来。

"好哇!"狐狸想,"你这么不讲情面呀!等着瞧吧!"

狐狸假装走到了树林里,其实是躲在灌木丛后,在那里等待机会呢。

獾从洞里探出头来瞧了瞧,看到狐狸走了,这才从洞里爬出来,到树林里找蜗牛吃。

狐狸溜进了獾洞,在地上拉了一泡屎,把屋里弄得肮脏不堪,然后跑了。

獾回家一看:好家伙!臭气熏天!它懊丧地哼了一声,就离开洞,到其他地方给自己再挖个洞。

这正中狐狸的下怀。

它把小狐狸都衔过来,在獾洞里舒舒服服地住下了。

有趣的植物

池塘里已经开始长满了浮萍,有些人把它叫做苔草。但是苔草是苔草,浮萍是浮萍。浮萍一点也不像其他植物,长得很有趣。它有着细小的根,绿色小圆片浮在水面上,附带着一个长圆的凸出物。这些形状很像小烧饼的凸出来的东西,便是浮萍茎部的枝。浮萍不长叶子。有时也会开几朵花,不过这是极其稀罕的事。浮萍用不着开花,它繁殖起来又快又方便。只要从这小烧饼似的茎上脱落下来另一个小烧饼似的枝,一棵植物便变成了两棵植物。

浮萍的日子过得很快活,自由自在,无拘无束。如果有野鸭游过,浮萍可能会依附在野鸭的脚上,跟着野鸭飞到另一个池塘里去。

■发自尼·米·芭芙洛娃

会变魔术的花

在草场上,在林中空地上,绛红色的矢车菊开花了。我一看到它,就想起了伏牛花,因为这两种花都会变小魔术。

矢车菊的花不是结构简单的花,而是由许多小花组成的花序。它上面那些漂亮的、蓬松的犄角似的小花,都是些不结子的空心花。真正的花藏在当中,是许多深绛红色的细管子。一朵雌蕊和好几朵会变魔术的雄蕊,藏在细管子里。

假如你碰一下绛红色的细管子,细管子就会倒向一旁,从小孔里喷出一小团花粉来。

过一会儿，如果你再碰它一下，它又会歪向一旁，又喷出一团花粉来。

魔术就是这么变的

这些花粉可不是平白无故喷洒的。只要昆虫向它要花粉，它都会给一点。拿走也行，吃掉也行，沾在身上也行，只要多少带点给另一朵矢车菊就成。

■发自尼·米·芭芙洛娃

来无影、去无踪的夜间强盗

森林里出现了来无影、去无踪的夜间强盗，林中居民个个惊恐不安。

每天夜里，总会丢失几只小兔子。小鹿、琴鸡、松鸡、榛鸡、兔子和松鼠，一到夜里就觉得危机四伏。无论是灌木丛中的鸟，树上的松鼠，还是地上的老鼠，都不知道强盗会从哪儿发起攻击。神出鬼没的凶手，一会儿从草丛里，一会儿从灌木丛里，一会儿又从树上冒出来。也许，凶手还不只一个，而是整整一支强盗大军呢!

几天前的一个夜晚，獐鹿全家(一只雄獐鹿、一只雌獐鹿和两只小獐鹿)在林中空地上吃草。雄獐鹿站在距离灌木丛八步远的地方警戒，雌獐鹿带着小獐鹿在空地上吃草。

冷不丁，一个黑影从灌木丛里蹿出来，只一蹦，就上了雄獐鹿的背。雄獐鹿倒了下去，雌獐鹿带着小獐鹿逃进了森林。

第二天早晨，雌獐鹿回到空地上去看，只见雄獐鹿只剩下两只犄角、四个蹄子。

昨天夜里，麋鹿受到了攻击。当它穿过茂密的森林时，看见一个奇形怪状的大木瘤，长在一根树枝上。

麋鹿在森林里算得上是条好汉，它用得着怕谁吗？它的一对犄角硕大无比，连熊都不敢侵犯它呢。

麋鹿走到那棵树下，正想抬起头仔细看看，树上的木瘤究竟长什么样。冷不防，一个可怕的、重达三百公斤的东西，猛地压在它的脖子上。

出其不意的袭击，把麋鹿的魂都给吓掉了。它猛地晃了下脑袋，把强盗从背上甩了下去，然后头也不回地拔腿就跑。因此，它也就没看清楚夜里究竟是谁袭击了它。

我们这树林里没有狼，况且，狼也不会上树呀。熊现在正懒洋洋地躲在密林里呢。再说，熊也不会从树上扑到麋鹿的脖子上去。那么，这个神秘的强盗究竟是谁呢？

真相暂时还没有大白。

夜莺的蛋莫名其妙地失踪了

我们的记者找到一个夜莺的巢，一个小坑里放着两只蛋。当人走近的时候，雌夜莺飞离了蛋。

我们的记者没有动鸟巢，只是清楚地记下了鸟巢的所在地。一个小时以后，他们又回到了那个鸟巢，但是巢里的蛋已经消失不见了。

两天以后，才搞明白蛋的去处：原来雌夜莺担心人们会来捣毁鸟巢，便把蛋衔到别的地方去了。

勇敢的小鱼

我们已经描述过，雄棘鱼在水底下做的巢的模样。

雄棘鱼造好巢后，便给自己选了位棘鱼老婆带回家。棘鱼夫人从这边的门进去，产下鱼子，立刻就从另一边的门逃走了。

雄棘鱼又找了第二位夫人，接着又找了第三位、第四位，可是这些棘鱼夫人全都跑走了，只留下它们产的鱼子，让雄棘鱼照料。

家里堆满了鱼子，雄棘鱼只得独自留下来看家。

河里的许多家伙都爱吃新鲜鱼子。可怜的小个子雄棘鱼，不得不保护自己的家，不让凶恶的水底怪物前来侵犯。

不久前，馋嘴的鲈鱼闯进了它的家。小个子主人勇猛地扑上去，跟那个怪物搏斗。

它把身上的五根刺(背上三根，肚子上两根)全都竖起来，巧妙地对准鲈鱼的鳃刺去。

原来鲈鱼满身都披着厚实的铠甲——鱼鳞，只有鳃部没有防护。鲈鱼被小棘鱼的勇敢吓坏了，赶紧溜之大吉。

谁是凶手

(参见《来无影、去无踪的夜间强盗》一文)

今天夜里，树上的松鼠被谋杀了。我们查看了凶杀现场，根据凶手在树干上和树底下留下的脚印，我们弄清楚了这个神秘的强盗是谁。前不久就是它害死了獐鹿，闹得整个树林里惊恐不安。

我们根据脚印判断，凶手就是我们北方森林里的"豹王"，也就是凶残的"林中大猫"——猞猁。

小猞猁已经长大了。现在猞猁妈妈带着它们，在林子里四处转悠，在树上爬来爬去。

夜里，它的眼睛跟白天一样明亮。谁要是在睡觉以前没藏好，那可就要倒大霉了!

刺猬救了她

玛莎一大清早就醒来了，连忙穿上衣服，赤着一双脚，就往树林里跑。

树林里的小山冈上长着许多草莓。玛莎飞快地采了一小篮，转身朝家跑。草墩被露水沾湿了，冰凉冰凉的。一路上，她蹦蹦跳跳。突然她脚底下一滑，痛得大叫起来。原来她的一只光脚从草墩上滑下去，被某个尖东西刺出血了。

只见一只刺猬蹲在草墩下，它立刻把身子缩做一团，"呋，呋"地叫起来。

玛莎哭了。她坐到旁边的草墩上，用衣服擦掉脚上的血。刺猬默不作声。

突然，一条背上刻有锯齿形黑条纹的大灰蛇，径直朝玛莎爬过来。这是一条剧毒的蝰蛇!玛莎吓得胳膊腿儿直发软，蝰蛇越爬越近，咝咝地叫着，吐着它那叉子似的舌头。

这时，刺猬突然挺直身子，飞快地朝蝰蛇跑去。蝰蛇抬起前半身，像根鞭子似的抽打过来。刺猬赶紧敏捷地竖起身上的刺迎过去。蝰蛇咝咝地狂叫起来，想掉转身逃跑。刺猬猛扑到它身上，从背后咬住它的头，用爪子扑击它的背。

玛莎这才如梦初醒，一跃而起，跑回家去了。

蜥蜴

我在树林里的树桩旁，抓到一只蜥蜴，把它带回了家。我把它养在一只大玻璃缸里，里面铺上了沙土和石子。每天我给它换水、换草，放入苍蝇、甲虫、幼虫、蛆虫和蜗牛。蜥蜴贪婪地咀嚼着，大口地吞食着。它特别爱吃在甘蓝丛里生长的白蛾子。它飞快地把头转向白蛾子，张开嘴，吐出叉子似的小舌头，然后跳起来，扑向那美味的食物，就像狗扑向肉骨头似的。

一天早晨，我在小石子之间的沙土里，看到十来只白色的椭圆形小蛋，蛋壳又软又薄。蜥蜴挑了个能晒到太阳的地方孵蛋。一个多月后，小白蛋破壳了，十来个机灵的小不点儿蜥蜴钻了出来，长得跟妈妈一模一样。

现在，这一家子全爬到小石头上，正懒洋洋地晒着太阳呢。

■发自森林记者谢斯嘉科夫

小燕雀和它的妈妈

我家的院子里，一片葱绿。

我在院子里走着，突然，一只小燕雀从我脚底下飞了出来，它的脑袋上长着犄角似的绒毛。它飞了起来，接着又落下了。

我捉住它，把它带回了家。父亲让我把它放到打开的窗户前。

还不到一个小时，小燕雀的爸爸妈妈就飞来喂它了。

它就这样在我家里待了一天。晚上，我关上窗子，把小燕雀放进笼子。

早晨五点钟左右，我睡醒了，看见小燕雀的妈妈蹲在窗台上，嘴里衔着一只苍蝇。我跳起来，打开窗户，自己则躲到屋角偷偷观看。

不久，小燕雀的妈妈又飞来了。它落在窗台上，小燕雀唧唧啾啾地尖叫起来，这是在要东西吃呢！这时，燕雀妈妈才下定决心飞进屋子里来，跳到笼子跟前，隔着笼子喂小燕雀。

后来，它又飞去找新的食物。我把小燕雀从笼子里拿出来，送到院子里。

等我想到再去看看小燕雀的时候，它已经不在那里了：燕雀妈妈把孩子带走了。

■发自贝科夫

金线虫

在江河里，在湖泊和池塘里，甚至在普通的深水沟里，生活着一种神秘的生物——金线虫。老人们说，金线虫是马的复活的毛发。在人游泳的时候，它似乎会钻到人的皮肤里去，在皮下游走，让人感到奇痒无比……

金线虫真像是谁的粗糙的棕红色毛发，更像是用钳子钳断的一截金属线。它无比坚硬，如果把它放在石头上，用另外一块石头敲打它，它一点儿都不在乎，还是不停地一会儿伸长，一会儿缩短，一会儿盘成奇妙的一小团。

实际上，金线虫是一种没有脑袋的软体虫，对人类没有危害。雌金线虫的肚子里装满卵。它们的卵在水里长成有角质的长吻和钩刺的小幼虫，然后它们依附在水栖昆虫的幼虫身上，钻进幼虫的身体里。被幼虫的外皮遮盖起来。以后，假如它们的"主人"没有被水蜘蛛或者昆虫吞到肚子里去，那么它们的一生就完结了；如果能进入到新"主人"的身体里，它们就在那里变成没有脑袋的软体虫，钻入水里，吓唬那些有迷信思想的人。

枪击蚊子

达尔文国家自然保护区建在半岛上，周围是雷宾海。这是一个全新的、独特的大海，不久前这里还是一片森林。海很浅，某些地方还凸立着树梢。海里流淌着温暖的淡水。无数只蚊子在海水里繁殖起来。

一大群小嗜血鬼聚集在科学家的实验室里、食堂里和卧室里，搅得他们吃不好、睡不好，工作也干不好。

晚上，突然从每个房间里传来枪声。

出什么事了？没什么大事：只是开枪打蚊子。

当然，枪筒里装的既不是子弹，也不是铅弹。弹筒里先装入少量普通的打猎用的火药，用填药塞压实，然后撒入由昆虫制成的杀虫粉，从上面使劲压牢，以免药粉撒出来。

射击时，杀虫粉的细粉尘飘洒在房间四处，钻入每条缝隙，杀死所有的蚊子。

一位少年自然科学家的梦

一位少年自然科学家在用心准备将在班里作的报告。报告的题目是:《跟森林和田园里的害虫作斗争》。

他读到以下两段:"为了用机械和化学方法跟甲虫作斗争,共花费了13700万多卢布。用手捉了1301万只甲虫。如果把这些甲虫装在火车里,可以装满813个车厢。""为了和昆虫作战,每一公顷土地上耗费了二十到二十五个人的劳动日……"

少年自然科学家看得头晕目眩。像蛇一样长的一串串数字,拖着由许多零组成的大尾巴,在他眼前晃来晃去。他只好去睡觉,做了一夜噩梦:连绵不绝的一队队甲虫、幼虫和青虫,从黑幽幽的森林里爬出来,飞似的穿过田地,把他团团围住,想闷死他;他用手捻死一些虫子,又拖了水龙带用杀虫药水浇它们,可是虫的数量并不见减少,它们还是络绎不绝地涌过来,经过哪里,哪里就成为一片荒漠……少年自然科学家吓得醒了过来。

到了早晨,发现事情并没那么可怕。少年自然科学家在报告里建议,在飞禽节前,大家应该制作好很多很多的椋鸟屋、山雀巢和树洞形鸟巢。鸣禽捉甲虫、幼虫和青虫的本领,可比人大多了,而且它们还是免费干活的呢!

请试试看

据说如果在四周拉有铁丝网的露天养禽场上面,或者在不带顶盖的笼子上面,交叉着拉几根绳子,那么猫头鹰、甚至雕鹗在扑向睡在铁丝网或者笼子里的飞禽之前,一定会先落在绳子上歇歇脚。在猫头鹰看来,这绳子很坚固。可是只要它一落到绳子上,就会摔个倒栽葱,因为绳子太细了,而且绷得不紧。

猛禽摔倒以后,会头朝下一直挂到第二天早晨。在这种姿势下,它是不敢扑翅膀的,它害怕掉到地上摔死。等到天亮了,你就可以去把这个小偷从绳了上取下来。

请试试看这是不是真的。可以用粗铁丝代替绳子。

天上的大象

空中飘来一片黑沉沉的乌云,像一头大象似的。它不时把长鼻子甩向地面。大象鼻子一碰到地,地上立刻扬起一片灰尘。尘土像根柱子似的旋转着,旋转着,越变越大,终于和天上的大象鼻子连在一起,变成了一根不断旋转的、顶天立地的大柱子。大象把大柱子抱在怀里,又往前奔去了。

……天上的大象跑到一座小城的上空,挂在那里不动了。忽然,从它身上喷出大雨点。大雨如注,是真正的倾盆大雨!屋顶和人们撑在头上的伞,响起了乒乒乓乓的声音。你猜猜,是什么敲得它们乒乓作响?是蝌蚪、小蛤蟆和小鱼!它们在大街上的小水塘里活蹦乱跳。

后来人们才弄明白,这片大象般的乌云,借助于龙卷风(从地下一直卷到天上的旋风)的帮忙,在一座森林中的小湖里喝饱水,带着水里的蝌蚪、蛤蟆和小鱼一起,在天上飞驰了许多公里,然后把战利品通通丢弃在小城里,又继续向前飞奔。

绿色的朋友

从前,我们的森林似乎大得无边无际。

可是,从前森林的主人(地主)玩忽职守,不知道保护森林、爱惜森林。他们毫无节制地砍伐树木,滥用土地。

凡是森林被砍光的地方,就出现了沙漠和峡谷。

农田的周围没有了森林,旱风从遥远的沙漠向农田袭来。滚烫的沙子把农田掩埋起来,庄稼都被烧死了。没有东西可以保护这些庄稼。

江河、池塘和湖泊的岸边没有了森林,积水就开始干涸,峡谷开始向农田挺进。

但是,现在人们赶走了那些懒散的主人(地主),开始亲自管理自己的巨大财富。人们向旱风、旱灾和峡谷宣战了。

于是,绿色的朋友——森林,成了人民的好助手。

哪里有裸露的江河、池塘和湖泊需要保护,希望不受烈日的炙烤,我们就把森林派往哪里。雄伟的森林挺起勇士般的身躯,用枝叶茂盛的大脑袋,遮蔽住江河、池塘和湖泊,不让太阳晒到它们。

哪儿的农田需要保护,希望不受旱风的侵袭,我们就在哪儿造林。恶毒的旱风,总是从遥远的沙漠里携来热沙,掩埋耕地。森林勇士挺起胸膛,抵挡住恶毒的旱风,像一道铜墙铁壁似的保护农田。

哪儿耕松的土地塌陷,峡谷迅速扩大、贪婪地侵蚀着我们农田的边缘,我们就在哪儿造林。我们的绿色朋友用强有力的根紧紧抓住土地,把土地稳牢,挡住四处乱窜的峡谷,不许它啃食我们的耕地。

征服旱灾的战事正酣。

重造森林

季赫维斯基地区的好几处森林,从前被砍得一干二净,现在正在重新造林。在两百五十公顷的土地上,栽种了松树、枞树和西伯利亚阔叶松。在两百三十公顷树木被砍光的土地上,重新翻松了土地,以便让残留树木结的种子落在地上,容易发芽。

在十公顷的土地上,栽种了西伯利亚阔叶松,从树苗里长出了茁壮的芽。繁殖阔叶松,可以使列宁格勒州森林里贵重的建筑木材的产量大大增加。

还开辟了一个苗木场,培育了许多可以用作建筑木材的针叶树和阔叶树。

还计划培育许多果树和可以提供橡胶的灌木——疣枝卫矛。

■发自列宁格勒塔斯社

森林里的战争(续二)

小白桦的命运,跟野草和小白杨的差不多——它们都被枞树摧残死了。

现在,侵占者枞树在那块采伐迹地上再没有敌人了。我们的记者卷起帐篷,搬到了另外一块采伐迹地。不是去年,而是前年,林业工人在那里砍伐过树木。在那里,他们亲眼看见了侵占者枞树在战争开始后第二年的状况。

枞树种族非常强大。不过,它们也有两个不足。

第一个不足是:它们扎在土里的根,虽然伸得远,却扎不深。秋天,在宽敞辽阔的采伐迹地上,狂风怒吼。许多小枞树被风从土里连根拔起,匍匐倒地。

第二个不足是:小枞树还不够健壮,很怕冷。

小枞树上的芽,全冻死了;瘦弱的树枝也被寒风吹断了。到了第二年春天,在那块被枞树征服的土地上,没有剩下一棵小枞树。

枞树不是每年结种子。所以虽然它们一开始很快取得了胜利,但是胜利并不稳固。在很长一段时间内,它们被赶出了战斗的行列。

那些勇猛的野草,第二年春天刚从土里钻出来,就重新投入了战斗。

这一回,它们必须跟小白杨、小白桦争斗。

可是,小白杨、小白桦都长高了,轻而易举地就把那些富有弹性的纤细野草,从身上抖落下去。野草紧紧地包裹住它们,对它们反而有好处。陈年枯草,像一条厚实的毛毯遮蔽大地,腐烂后散发出热量;新生的青草,掩盖住刚出世的娇嫩的小树苗,保护它们不受危险的早霜的侵袭。

小白杨和小白桦长得很快,低矮的青草很难追上它们,它落后了。它刚一落到后面,马上就见不到太阳了。

当小树长到比青草高的时候,就会马上伸展开树枝,覆盖住小草。白杨和白桦没有枞树那般浓密黝黯的针叶,不过,这没什么影响,因为它们的树叶很宽,树荫浓郁。

如果小树长得稀疏的话,野草还能坚持得住。但是,在整个采伐迹地上,小白杨和小白桦都是密集生长的。它们默契地进行着战斗,把手臂似的树枝连起来,相互靠得很近。

这简直就是一顶密不透风的树荫帐篷。小草在树荫底下见不到阳光,就枯死了。

不久以后,我们的记者看到,第二年的战争以白杨和白桦的完胜而告终。

于是我们的记者又搬到第三块采伐迹地上，去进行观察。

我们将在下一期《森林报》上报道他们在那里的所见所闻。

祝你一钓一个准

钓鱼和天气

夏天，大风和雷雨把鱼儿赶到避风的地方去，如深坑、草丛和芦苇丛。假如一连几天天气不好，那么所有的鱼都会游到最僻静的地方，变得无精打采，什么也不想吃。

天热的时候，鱼往凉快的地方游，专找那些泉水叮咚、河水冰凉的地方。烈日炎炎的时候，只有早晨凉爽和傍晚暑气稍退的时候，鱼才会上钩。

夏天干旱的时候，河水和湖水的水位降低，鱼儿只得游到深坑里去。但是，深坑里的鱼食不够吃。所以，只要钓鱼人找对地方，就能钓到很多鱼，特别是当你用饵食钓鱼的时候。

麻油饼是最理想的饵食。先把它放在平底锅里煎一下，用咖啡磨或研钵捣烂，然后与煮烂的麦粒、米粒或豆子混在一起，或者撒在荞麦粥、燕麦粥里，这样，饵食就会散发出喷香的麻油味。鲫鱼、鲤鱼和其他许多鱼，都非常喜爱这种味道。你必须天天撒饵食喂它们，使它们习惯于这个地方，然后像鲈鱼、梭鱼、刺鱼和海马这些食肉鱼也会跟着游过来。

短暂的小雨或雷雨，会使河水变凉，大大增进鱼的食欲。雾散开以后，天气晴朗的时候，鱼也容易上钩。

每个人都能根据晴雨表、鱼上钩的情况、云彩、日出后驱散的夜雾以及露水，学会预测大气变化。鲜艳的紫红色霞光，说明空气中积满了水蒸气，可能会下雨。反之，淡金红色的霞光说明空气干燥，最近几个小时内不会下雨。

除了用带浮漂和不带浮漂的普通钓鱼竿以及绞竿钓鱼外，还可以乘着小船,边划船边钓鱼,只需预备一根结实的长绳子(约五十米长,在手拉处接一段钢绳或牛筋),再预备一条假鱼。把假鱼拴到绳子上,拖在离小船大约 25 至 50 米远处。小船上坐两人:一人划船,一人拉绳子。把假鱼拖在水底或水当中走。像鲈鱼、梭鱼和刺鱼这类猛鱼,看见假鱼在头顶游过,以为是真鱼,猛扑过去一口吞下,于是就牵动了绳子。捕鱼人感到有鱼上了钩,便慢慢地把绳子往身边拉。用这种方法捕到的鱼,往往是大鱼。

在湖边,用假鱼和长绳子钓鱼的最佳之处,是灌木丛生的陡峭河岸下的深坑里,在芦苇和草丛附近的水域里。在河里划船,得沿着陡岸或者水深而平静的水面划;得躲开石滩和浅滩,在离它们稍上或稍下一些的位置划。划着小船钓鱼的时候,必须轻手轻脚,尤其是在无风的日子,即使桨轻轻地触碰一下水面,鱼隔得老远都能听见。

捕虾

名称中不带字母"P"(俄语中五月、六月、七月这几个月的称呼中不带字母"P")的那几个月,是捕虾的好时光。

捕虾人应该了解虾的如下生活习性。

小虾由虾子孵化而来。虾子出生之前,藏在雌虾的腹足里(河虾有十只脚,最前面一对是钳子)和尾巴下半部分(出于礼貌,通常把它称为虾颈部)。每只雌虾最多怀有一百粒虾子,雌虾怀着虾子过冬。初夏,虾子裂开来,孵化出如蚂蚁一般大的小虾。古时候,一般认为只有最聪明的人,才知道虾在什么地方过冬。可是现在,人人都知道虾在河岸和湖岸上的小洞穴里过冬。

虾在出生后的第一年,要换八次甲壳(这是它的外骨骼);成年后,一年换一次。脱掉旧甲壳后,赤裸的虾懒洋洋地躲在洞里,等到新甲壳长硬了才肯出来。许多鱼都爱吃脱了甲壳的虾。

虾是夜游动物,白天它躲在洞里。不过,只要它一感到有猎物出现,即使在太阳底下,也会从洞里蹿出来捕捉。这时,可以看见一串串气泡从水底冒上来:这是虾在呼气。小鱼、小虫这类水下小生物都是虾的食物。不过,它最喜欢吃腐肉。在水下,隔老远,它就能闻到腐肉的气味。

捕虾人用一小块臭肉、死鱼或死蛤蟆当饵食。晚上,虾从洞里游出来,头朝前在水底来回觅食。这时,正好捕捉它。(虾只有在逃跑的时候,才头往后倒着游。)

把饵食系在虾网上,把虾网绷在两个直径 30 至 40 厘米的木箍或铁丝箍上。得绷紧了,千万别让虾一进网就可以把网内的腐肉拖走。用细绳把虾网系在长竿的一端,人站在岸上,把虾网浸入水中。在虾多的地方,虾很快就会聚集到网中,缠在里面出不去了。

还有一些更加复杂的捕虾办法。不过最简便而收益最大的办法是:在水浅的地方赤脚走进河里,找到虾洞,用手抓牢虾背,把虾从洞里拖出来。当然,有时手指头会被虾钳住,不过,这丝毫不可怕。况且,我们并不是向胆小鬼们建议用手提虾的办法呀!

如果你随身带着一口小锅、盐和茴香,你立马就可以在岸边煮开一锅水,撒入盐和茴香,把虾煮着吃。

在温暖的夏夜,望着满天繁星,在小河边或湖边的篝火旁煮虾吃,别提有多美了!

集体农庄纪事

黑麦长得比人高了,已经开了花。一只田公鸡(山鹑)在那里面散步,仿佛在树林里漫步一般。雄山鹑带着雌山鹑,后面还跟着它们的小宝宝,如同小黄球,不停地滚:原来小山鹑已经孵出来了,而且跑出了巢。

集体农庄庄员们在忙着割草。有的地方用镰刀割,有的地方用割草机割。割草机在草场上驶过,挥舞着光溜溜的翅膀。高高的芳香多汁的牧草,在它后面一排排整齐笔直地倒下来。

菜地里的畦垄上,碧绿的葱长高了。孩子们在拔葱。

女孩们和男孩们一起去采浆果。本月初,在向阳的小山坡上,香甜的草莓成熟了。现在正是草莓长得最旺盛的时候。树林里的黑莓果也快熟了,覆盆子也快熟了。在林中长满苔藓的沼泽地里,结满籽儿的桑悬钩子,从白色变成了红色,又从红色变成了金黄色。你爱吃哪种浆果,就采哪种浆果吧!

孩子们还想多采点,可是家里还有一大堆活要干呢!得提水浇菜园子,得清除菜畦里的草。

育雏月(夏二月)

森林中的大事

森林里的孩子们

一只年轻的雌麋鹿,住在罗蒙诺索夫城外的原始森林里。今年,它生下了一只小麋鹿。

在这片森林里,还有只白尾巴雕的巢。巢里有两只小雕。

黄雀、燕雀和鸦鸟各孵出五只小鸟。

蚁䴕(liè)啄木鸟科,羽毛淡银灰色,带褐色细纹,以蚂蚁和蛹类为食,多生活在俄罗斯西伯利亚东部和中国北部,是一种益鸟。它孵出八只小鸟。

长尾巴山雀孵出十二只小鸟。

灰山鹑孵出二十只小鸟。

在棘鱼的巢里,每一颗鱼子孵出一条小棘鱼。一个巢里总共有一百来条小棘鱼。

一条鳊鱼产的子，能孵化出好几十万条小鳊鱼。

一条鳖鱼的孩子更是多得不计其数：大概有几百万条吧！

无人照料的孩子

鳊鱼和鳖鱼一点不关心孩子。它们一生下鱼子，就游走了。它们完全不管小鱼怎样孵化出来，怎样过日子，怎样找东西吃。不过，如果你有几十万个或几百万个孩子，你不这样做还能怎么做？不可能一个个都照顾到啊！

一只青蛙只有一千多个孩子，即使这样，它也不管孩子！

当然，没有父母照顾的孩子们，日子很难过。水下有许多贪嘴的怪物，它们都爱吃美味的鱼子和青蛙卵、鲜嫩的小鱼和小蛙。

想想真是可怕，在小鱼、蝌蚪长大之前，它们会遇到多少危险，它们中间有多少只会被吃掉啊。

操心的父母

可是麋鹿妈妈和所有的鸟妈妈，都是非常操心的母亲。

麋鹿妈妈为了它的独生子，随时准备牺牲自己的生命。即使大熊想进攻小麋鹿，麋鹿妈妈也会前后脚一齐进攻。这一顿蹄子让熊大爷印象颇深，下次它再也不敢走到小麋鹿跟前来了。

我们《森林报》的记者，在田野里碰到一只小山鹑，它从他们脚跟前跳出来，一蹿，钻到草丛里躲了起来。

记者们捉住了小山鹑。小山鹑啾啾地大叫起来。山鹑妈妈不知从哪里跑了出来。它看见自己的孩子被人家捉在手里，就一边咕咕地叫着，一边扑了过来；然后又摔倒在地，耷拉着翅膀。

记者们以为它受伤了，就扔下小山鹑，光顾着追它去了。

山鹑妈妈在地上一瘸一拐地走着，眼看一伸手就可以捉到了。可是只要一伸手，它就往旁边一躲。这样追呀追，忽然，山鹑妈妈扑扑翅膀，从地上飞起，仿佛什么事也没发生过似的飞走了。

记者掉转头来找小山鹑，谁知小山鹑连影子也不见了。原来山鹑妈妈故意假装受伤，把记者们从孩子的身边引走，好救出它来。它把每个孩子都保护得那么好，因为它的孩子不多，总共才二十个呀！

鸟的干活时间

天刚透出亮光，鸟就起飞了。

椋鸟每天干活 17 个小时，家燕每天干活 18 个小时，雨燕每天干活 19 个小时，朗鹟每天干活 20 个小时以上。

这些数字我都核实过。

它们每天不干这么长时间的活不行啊！

为了喂饱自己的孩子，雨燕每天至少要飞回家 30 至 35 次，给小鸟送食物。椋鸟每天至少要送大约 200 次，家燕至少要送 300 次，朗鹟要送 450 多次！

一个夏天，它们消灭掉很多对森林有害的昆虫和幼虫，数量多得数也数不清。

它们孜孜不倦地劳动着！

■发自森林记者尼·斯拉得克夫

沙锥和鹈鹣(tí jiān)孵出了什么样的小鸟

这是小鹈鹣。它刚钻出蛋壳，嘴上长着个白色的小疙瘩，这叫做"凿蛋壳齿"。小鹈鹣钻出蛋壳的时候，就是用这颗牙齿凿破蛋壳的。

小鹈鹣长大后，会变成很凶残的猛禽，是啮齿动物的梦魇。

不过，这会儿它还是个长得挺逗的小不点儿，浑身毛茸茸的，眼睛半瞎半明。

它是那样的娇弱无助，连一步也离不开爸爸妈妈。假如爸爸妈妈不给它喂食，它准会活活饿死。

在小鸟里面，也有非常健壮的小家伙，它们刚一破壳而出，就站直了身子。它们会自己找食吃，也不怕水，遇见敌人会自己躲起来。

瞧！这是两只小沙锥。它们钻出蛋壳才一天，可是已经离开了家，自己找蚯蚓吃。

为了让小沙锥在蛋壳里长得壮实些，所以沙锥下很大的蛋。

我们刚才讲过的小山鹑，也是位斗士。它刚一出生，就会撒开腿奔跑。

还有小野鸭——秋沙鸭。它刚一出生，就马上一瘸一拐地走到小河边,扑通一声跳下水,游起泳来。它会潜水,在水面上做各种动作:伸懒腰,欠身。简直像只大野鸭。

而旋木雀的女儿非常娇气。它在巢里待了整整两个礼拜,现在刚飞出来,坐在树墩上。

瞧它那副气鼓鼓的样子!原来它很不满意,妈妈好长时间没来给它喂食了。

它出生已经快三个礼拜了,可还总是吱吱地叫着,要妈妈喂它吃青虫和别的美味佳肴。

海岛殖民地

在一个岛屿的沙滩上,许多小海鸥住在别墅里避暑。

晚上,它们睡在小沙坑里,每个小沙坑里睡三只。沙滩上到处是小沙坑,真称得上是海鸥的大殖民地。

白天,小海鸥在老海鸥的带领下,学习飞行、游泳和抓小鱼。

老海鸥一面教孩子,一面警觉地保护它们。

如果有敌人敢靠近它们,它们就成群地飞起来,大叫大嚷地扑向敌人。这种声势,谁见了都害怕。连海上的巨无霸白尾雕,都会闻声而逃。

雌雄颠倒

从幅员辽阔的祖国各地,人们给我们写信,说他们看见了一种稀奇的小鸟。在莫斯科附近,在阿尔泰山上,在卡马河畔,在波罗的海上,在亚库金,在哈萨克斯坦,本月都有人看见过这种鸟。这种鸟既可爱,又漂亮,很像城里卖给年轻的钓鱼迷们的那种色彩艳丽的浮漂。它们非常信任人,即使走到离它们只有五步远,它们照样在离你最近的岸边游来游去,一点也不害怕。

现在,别的鸟都待在巢里孵小鸟,或者养雏鸟,只有这些鸟聚在一起,周游全国。

令人惊奇的是,这些色彩艳丽的漂亮小鸟,全是雌的。别的鸟都是雄的比雌的明艳亮丽,这种鸟却恰恰相反:雄的灰不溜秋,雌的五彩缤纷。

更让人奇怪的是,这些雌鸟根本不管自己的孩子。在遥远的北方冻原带上,雌鸟在小沙坑里产完蛋,扔下蛋就远走高飞了!雄鸟留在那里孵蛋,哺育小鸟,保护小鸟。

简直是雌雄颠倒!

这种小鸟名叫鳍鹬,是鹬的一种。

这种鸟随处可见:它们今天飞到这里,明天又飞到那里。

可怕的小鸟

苗条柔弱的鹟鸰妈妈,在巢里孵出六只光秃秃的小鸟。五只小鸟长得都挺像样。第六只却是个丑八怪:浑身上下皮肤粗糙,青筋暴露,长着一个大脑袋,一双凸眼睛,眼皮耷拉着。它一张嘴,准把人吓得连退三步:嘴巴像个无底洞,如同野兽的血盆大口!

出生后的第一天,它安静地躺在巢里。只在鹟鸰妈妈衔了食物飞回来的时候,它才吃力地抬起沉甸甸的大脑袋,张开大嘴,低声吱吱叫着:"喂喂我吧!"

第二天清晨,凉风习习,鹟鸰爸爸和鹟鸰妈妈飞出去打食了。这时,小怪物蠕动起来。它低下头,把头抵住巢底,又开两腿,开始往后退。

它的屁股撞到了它的小弟弟,就开始把屁股塞在小弟弟的身子底下,又把光秃秃的弯翅膀往后面甩。接着,它那弯翅膀像把钳子似的钳住了小弟弟。它就这么背着小弟弟一个劲往后退,一直退到巢的边缘。

它那瘦弱眼瞎的小弟弟在它那脊柱根的坑洼洼里不停地摇晃,好像盛在调羹里似的。丑八怪用脑袋和两脚撑住巢底,把小弟弟越抬越高,一直抬到跟巢顶一般齐。

这时,丑八怪挺直身子,猛地往后一甩,小弟弟就从巢里飞了出去。

鹟鸰的巢是筑在河边悬崖上的。

可怜那才一丁点大、光秃秃的小鹟鸰,啪的一声跌在砾石上,摔得粉身碎骨。

而凶恶的丑八怪自己也差点从巢里摔出来,它的身子在巢边不住地摇晃,幸亏它的大头分量重,才总算把身子重新坠回了巢里。

这可怕的罪恶行径一共只持续了两三分钟。

最后,精疲力竭的丑八怪一动不动地在巢里躺了大约十五分钟。

鹟鸰爸爸和鹟鸰妈妈飞回来了。丑八怪伸长青筋暴露的脖子,抬起沉甸甸的大脑袋,一副懵懵懂懂的样子,若无其事地张开嘴巴,尖声叫起来:"喂喂我吧!"

丑八怪吃饱了,休息好了,又开始对付第二个小兄弟。

这个小兄弟没那么容易搞定:它拼命挣扎,不住地从丑八怪的背上滚下来。不过,丑八怪寸步不让。

五天后,丑八怪睁开了眼睛,它看见只有它自个儿躺在巢里。它的五个小兄弟都被它扔到巢外摔死了。

在它出生后的第十二天,它才长出羽毛。这时候真相大白了:鹡鸰夫妇俩倒霉透顶,它们抚养的是一只布谷鸟的弃婴。

可是小布谷鸟叫得可怜巴巴的,像极了它们自己那些死去的孩子;它抖动着翅膀,哀求着乞食,样子惹人怜爱。纤小温柔的夫妻俩不忍心拒绝它,不忍心丢弃它,让它活活饿死。

夫妻俩自己过着半饥半饱的生活,整天忙忙碌碌,连自己的肚皮都来不及填饱,从早忙到晚,给养子小布谷鸟送去肥壮的青虫。它们几乎把整个头伸进它的血盆大口,才把食物塞进它那贪得无厌、无底洞似的大喉咙。

一直忙到秋天,它们才把小布谷鸟养大。布谷鸟飞走了,从此再也没来看过养父母。

小熊洗澡

我们熟识的一位猎人沿着林中小河的岸边走,忽然听见一阵树枝断裂的咔嚓咔嚓巨响。他大吃一惊,急忙爬上树。

一只棕色的大母熊从树林里走了出来,后面跟着两只活蹦乱跳的小熊和一个熊小伙子。小伙子是熊妈妈一岁大的儿子,现在暂时充当两兄弟的保姆。

熊妈妈坐了下来。

熊小伙子叼住一只小熊的后脖颈,把它往河水里浸。

小熊尖声大叫起来,四脚乱蹬。可是熊小伙子紧叼着不放,直到把它浸在水里,洗得干干净净为止。

另外一只小熊怕洗冷水澡,飞快地溜进树林里去了。

熊小伙子追上去，打了它好几巴掌，然后照样把它浸到水里洗。

洗着洗着，熊小伙子一不小心，把小熊掉在了水里。小熊吓得大叫起来！熊妈妈立刻跳下水，把小熊拖上岸，然后狠狠地揍了熊小伙子一顿，打得这个可怜虫干嚎起来。

两只小熊上了岸，似乎对洗澡挺满意。骄阳似火，它们穿着厚厚的、毛烘烘的皮大衣，热得难受，在冷水里洗个澡，感觉凉快多了。

洗完澡后，熊妈妈带着孩子们，又回到了树林里。猎人这才从树上爬下来，走回家去。

浆果

各种各样的浆果成熟了。人们在果园里采树莓、红醋栗、黑醋栗和酸栗。

在树林里也可以找到树莓。树莓是一种丛生的灌木。假如你从一片树莓间走过，难免会碰断它干脆的茎，那时你就会听到脚底下噼里啪啦一阵响。不过，这不会对树莓造成危害。现在长着浆果的茎，只能活到冬天。瞧，这是它们的下一代。无数新鲜的茎从地下根里钻出来。它们毛茸茸的，长满细刺。明年夏天，就轮到它们开花结果了。

在灌木林和草墩旁，在伐木场的树墩旁，越橘就要成熟了，浆果的一面已经红艳艳的。

越橘的浆果一丛丛长在茎梢上。有几棵越橘结的浆果又大又沉，压得茎都弯下来，躺在了苔藓上。

真想挖出这样一棵小灌木，移植到自己家里栽培，看浆果会不会变得大一点。但是，目前人工栽培越橘还没有成功。越橘的确是一种很有趣的浆果，它的浆果可以保存一冬。吃的时候，只要用开水冲一冲，或者研碎，浆液就会自动流出来。

为什么越橘不会腐烂呢？因为它自己就能防腐。它内含安息酸，安息酸不会让浆果腐烂。

■发自尼·米·芭芙洛娃

猫儿奶养大的兔子

今年春天，我家的老猫生了几只小猫，但小猫全都送了人。碰巧就在这一天,我们在树林里抓到一只小兔子。

我们把小兔子放到老猫身边。老猫的奶水充足,所以它很愿意喂养小兔子。

于是,小兔子吃着老猫的奶水逐渐长大。它俩很要好,连睡觉都睡在一起。

最好玩的是,老猫竟然教会了小兔跟狗打架。只要有狗跑进我们的院子,猫就扑上去,愤怒地抓它。小兔子也会跟过去,举起两只前爪,捶鼓似的朝狗身上击打,打得狗毛直飞。附近的狗都害怕我家的老猫和老猫的养子——小兔。

小蚁型的计谋

我家的老猫看见树上有一个洞,就认定那是鸟巢。它想吃小鸟,便爬上树,把头伸向树洞里看了看,只见几条小蝰蛇在洞底蜷曲蠕动着,并发出咝咝的叫声!猫儿吓得魂飞魄散,从树上跳下来,撒开腿没命地逃走了!

其实躺在树洞里的根本不是蝰蛇,而是蚁型的孩子们。这是它们的计谋,用来防御敌人。它们把脑袋转来转去,脖子扭来扭去,仿佛蛇在蜷曲蠕动似的,同时,它们还发出如同蝰蛇一样的咝咝的叫声。谁都害怕剧毒的蝰蛇,所以小蚁型模仿蝰蛇,吓跑敌人。

躺在眼皮底下

一只大鹞鹰搜寻到一只琴鸡和它带着的一窝小黄琴鸡。

它想:这下我的午饭有着落了。

它瞄准了目标,正打算从高空扑下去,却被琴鸡发现了。

琴鸡叫了一声,眨眼间小琴鸡都不见了。鹞鹰看了又看,还是一只也没看到,仿佛钻进了地缝似的!鹞鹰只得飞走找别的猎物。

琴鸡又叫了一声,在它的周围立刻跳起来一群黄绒绒的小琴鸡。

它们并没有逃走,只不过身子紧贴着地面,躺在附近。不信你试试,看能不能从半空里把它们跟树叶、青草和土块区别开!

凶猛的花

一只蚊子从林中沼泽地的上空飞过。它飞啊飞,飞累了,想喝水。它看见一朵花：绿色的茎，茎梢上长着白色的钟形花，在下面茎的周围丛生着一片片圆圆的紫红色小叶子。小叶子毛茸茸的，一颗颗亮晶晶的露珠在细毛上闪烁着。

蚊子落在一片小叶子上，伸出嘴去吸露珠。谁知露珠黏糊糊的，把蚊子的嘴粘牢啦。

突然，所有的细毛都蠕动起来，像触须似的伸过来，抓住了蚊子。小圆叶子合拢来，蚊子被裹在里面，不见了踪影。

等到叶子重新张开的时候，一张蚊子的空皮囊掉在地上，因为花儿吸干了蚊子身上的血。

这是一种可怕的、凶猛的花，叫做毛毡苔。它会捉住小虫，把它们通通吃掉。

水下战斗

跟在陆地上生活的孩子一样，在水底下生活的孩子也喜欢打架。

两只小青蛙跳进池塘，看见怪模怪样的蝾螈躺在里面。蝾螈的身子细长，脑袋大大的，四条腿短短的。

"多么可笑的怪物呀！"小青蛙心想，"应该跟它干一仗！"

一只小青蛙咬住大头蝾螈的尾巴，另一只小青蛙咬住它的右前脚。

两只小青蛙使劲一拉，蝾螈的尾巴和右前脚留在了小青蛙的嘴里，蝾螈却逃走了。

几天后，小青蛙又在水下碰到这只小蝾螈。现在，它变成了真正的怪物：在该长尾巴的地方，长出一只脚爪；在扯断了的右前脚的地方，却长出一条尾巴。

蝾螈也有这样的本领：尾巴断了，能重新长出一根尾巴来；脚断了，能重新长出一只脚来。而蝾螈在这方面的本领，比蜥蜴还要强。不过，有时它们会犯糊涂：在断了肢体的地方，会长出跟原先肢体完全不相符合的东西。

不是风，不是鸟，而是水

我想给你们讲一讲小植物景天，讲一讲它开花时的样子。我非常喜欢这种小植物，尤其喜欢它那厚实饱满的灰绿色小叶子。小叶子密密地

89

生在茎上,把茎都遮住了。景天的花也开得很美,是鲜艳的小五角星。

但现在景天的花已经谢了,结了果实。果实也是扁扁的小五角星,它们紧紧地闭拢着。但这并不代表果子没有成熟。天晴的时候,景天的果实总是闭拢的。

现在,我可以迫使它们张开来,只要从水塘里打点水就行,只要一滴水就够了。瞧,水滴正好滴在小星星的中间。于是我的目的达到了:果实的叶子舒张开来了。瞧,种子露出来了。景天的种子不像其他许多植物那样躲避水,相反,它们迎着水冲了上来。要是再滴上两滴水,种子就顺着水淌下来了。水接住种子,把它们播种到其他地方。

既不是风,也不是鸟,更不是兽,而是水帮助景天传播种子。我看见过一棵长在陡峭的岩石缝里的景天。这是顺着石壁往下流的雨水,把景天的种子带到那儿种上的。

■发自尼·米·芭芙洛娃

小矶凫学游泳

我到湖里去游泳,看见一只矶凫在教它的孩子们游泳,教它们怎样躲避人。大矶凫像只船似的漂浮在水面,小矶凫在潜水。小矶凫钻进了水里,大矶凫就在那里做警卫。最后,它们在芦苇旁钻出了水面,游到芦苇丛里去了。于是我就开始游泳了。

■发自森林记者波波夫

奇特的小果实

荷兰牻(máng)牛儿苗是长在菜地里的一种小草,它的果实非常奇特。这种小草本身其貌不扬,毛毛糙糙。它开的紫红色花,也稀疏平常。

现在,一部分花已经凋谢了,在每个谢掉的花瓣上竖起个鹳嘴似的小东西。原来每个"鹳嘴",是五粒小尾巴长在一起的小果实,很容易把它们分开。这就是荷兰牻(máng)牛儿苗毛茸茸的、名闻遐迩的小果实。它上面尖尖的,下面好像长着条尾巴。尾巴尖弯得像镰刀,底部呈螺旋形。这个螺旋一受潮就会伸直。

我把一粒小果实夹在两只手掌中,吹一口气,它转动起来,芒刺把手心挠得痒痒的。的确,它不再是螺旋形的,伸直了。

为什么这种植物要变这样一套魔术呢？原来小果实脱落的时候，戳在地上，用镰刀似的尾巴尖钩住小草。天气潮湿的时候，螺旋旋转起来，尖尖的小果实便旋进了土里。

小果实的退路已经给堵死了：它的芒刺往上戳立，顶住泥土，不让它退出来。

这构思有多么巧妙啊！植物自己给自己播种。

从前，人们利用荷兰口牛儿苗的果实来测量空气的湿度，可想而知，这种果实的小尾巴是多么灵敏。人们把小果实固定在一个地方，于是它的小尾巴就如同湿度计上的"指针"，旋转着，指明空气的湿度。

■发自尼·米·芭芙洛娃

小鸊鷉

我沿着河岸走，看见水面上有一种既像野鸭、又不像野鸭的小飞禽。我想：这到底是什么动物呢？野鸭的嘴应该是扁扁的，它们的嘴却是尖尖的。

我迅速脱下衣服，跳下水去追它们。它们躲开我，游到了对岸。我追过去，眼看要逮住了，它们却又往回逃了。我又追过去，它们又逃开了。它们就这样引着我顺流而下。我累得筋疲力尽，差点爬不上岸！我最终也没能逮住它们。

后来，我又见过它们好几次，不过，我没再下水追它们。原来它们不是小野鸭，而是鸊鷉的孩子们——小鸊鷉。

■发自森林记者阿·库罗奇金

夏末的铃兰

(摘自少年自然科学家日记)

8月5日，在我们小河边的花圃里，种着铃兰。伟大的科学家林内给这种五月盛开的花朵取了个拉丁文的名字，叫做"空谷百合"。在所有的花中，我最爱铃兰。我爱它那小铃铛似的花朵，细瓷般洁白素静；爱它那富于弹性的绿茎；爱它那清凉湿润的细长叶子；爱它那奇妙的清香！总之，整朵花都是那么的清纯而富于朝气！

春天，一大清早我就过河去采铃兰花，每天带回一束养在水里，于是,屋子里整天都飘溢着铃兰花的幽香。在我们列宁格勒附近,铃兰在七月份开花。

现在,正逢夏末,我喜爱的花朵给我带来了出其不意的惊喜。

我偶然发现,在它们宽大的、末端尖尖的叶子底下,长出了一种淡红色的小玩意。我跪下去,拨开叶子一看,只见里面长着一颗颗略带椭圆形的橘红色坚硬小果子。它们像花儿一样美丽,仿佛在请求我把它们做成耳环,送给我所有的女朋友呢。

■发自森林记者维利卡

蔚蓝和翠绿

8月20日,今天,我一大早就起来了,往窗外一瞧,不由得惊叹起来:青草完全变成了蔚蓝色,湛蓝湛蓝的!小草被重重的露珠压弯了腰,浑身晶莹透亮。

要是你把白色和绿色这两种颜色掺在一起,就会看到变成了蔚蓝色。是露珠抛撒在鲜绿色的青草上,把它染成了蔚蓝色。

几条绿色的小径,穿过蔚蓝色的草丛,从灌木丛一直通到板棚前。一袋袋的麦子存放在板棚里。一群灰山鹑,趁着人们还在熟睡,跑到村子里来偷吃麦子。瞧,它们不正在打麦场上嘛!淡蓝色的山鹑,胸脯上长着棕色的马蹄形斑块。它们的小嘴"笃笃笃"地啄着,忙得不亦乐乎!趁着人们还没起床,它们得抓紧吃点。

再往远处,就在树林边上,还未收割的燕麦田里也是一片蔚蓝。一个猎人手里举着枪,在那里走来走去。我知道,他肯定是在守候琴鸡。琴鸡妈妈经常带着它的一窝小琴鸡走出树林,到麦田里来增强营养。每当琴鸡从蔚蓝色燕麦田里跑过,麦田便变成了绿色,因为琴鸡边跑,边碰落了露水。猎人始终没有开枪,显然,琴鸡妈妈带着它那一窝小琴鸡,及时撤回树林里去了。

■发自森林记者维利亚

森林里的战争(续三)

　　我们的记者来到第三块采伐迹地。十年前,林业工人们曾经在那里砍伐过树木。现在这块地还在白杨和白桦的掌控之中。

　　胜利者们不放任何植物进入自己的领地。每年春天,野草都想从土里钻出来,但是它们很快就在多阴的阔叶帐篷下窒息了。枞树每隔两三年结一次种子,每次它都会派一支新的空降部队登陆采伐迹地。不过,那些枞树种子都没能钻出地面,就被小白桦和小白杨扼杀了。

　　年幼的小白桦和小白杨不是一天一天地长高,而是一个小时一个小时地长高。它们挤挤挨挨地耸立在采伐迹地上。有一天,它们终于觉得拥挤了,于是彼此之间开始打架。

　　每一棵小树都想在地上和地下多抢一点空间。每一棵小树都越长越宽,推挤着它们的邻居。采伐迹地上的树木你挤我,我推你,一场混战。

　　健壮的小树比瘦弱的小树长得快,因为它们的根更牢固,树枝也更长。健壮的小树长高之后,就把它的手(树枝)伸到旁边小树的头上,那些小树就被树荫遮住了,从此告别了阳光。

　　最后一批瘦弱的小树,被浓密的树荫害死了。这时,矮小的野草终于从土里钻了出来。不过,长高的小树已经不怕它们了。就让小草在脚底下慢慢地爬动吧!还可以取暖呢!但是胜利者们自己的后代(种子),落在这个黑暗潮湿的地窖里,都给闷死了。

　　枞树很沉得住气,它们继续每隔两三年就派一支空降部队到这片草木杂生的采伐迹地上来,胜利者们甚至没有注意到这些小东西。在胜利者口中,它们简直不值一提,就让它们在地窖里慢慢爬吧!

　　小枞树终于从地底下露出了个头。在阴暗潮湿的地窖里,它们过得很艰难。不过,赖以生存的光线还是有的。它们长得瘦小纤弱。

　　可是这里也有好处,这里没有风来摇晃它们,把它们连根拔起。每当暴风雨来临的时候,白桦和白杨喘着粗气,被风吹得直弯腰,而小枞树躲在地窖里很安全。

这里非常暖和,有足够的食物。小枞树不会受到春季危险的早霜和冬季严寒的侵袭。地窖里的环境,跟赤裸裸的采伐迹地相比,大不一样。秋天,白桦和白杨的落叶在地上腐烂了,散发出热量,青草也散发出热气,只需要耐心忍受地窖里一年四季的阴暗。

小枞树不像小白桦和小白杨那样喜爱阳光。它们忍受着黑暗,不断地生长着。

我们的记者很怜惜它们。接着,他们又来到第四块采伐迹地。

我们在等待着他们的报道。

集体农庄纪事

可以收割庄稼啦。我们集体农庄的黑麦田和小麦田,好像一望无际的海洋。麦穗长得又高又壮,一排连着一排,每一棵麦穗里都藏着很多很多的麦粒。集体农庄庄员们干得真棒!这些麦粒很快将汇成一股股金灿灿的暖流,流进国家和集体农庄的粮仓。

亚麻也成熟了。集体农庄庄员们正在田里忙活。亚麻是用机器拔的,用机器拔麻可快了!女庄员们跟在拔麻机后面捆麻,把一排排倒下来的亚麻捆作一束束。再按十束一垛,把亚麻堆成垛。不久,亚麻田里就好像排列着一队队士兵似的。

山鹑只好带着一家老小,从秋播的黑麦田搬到春播的田里去了。

集体农庄庄员们在收割黑麦。一束束饱满结实的麦穗,在割麦机的钢锯下倒了下来。庄员们把麦子捆起来堆成垛。一垛垛麦垛竖在田里,仿佛运动会开幕式上站立的一排排运动员似的。

菜地里,胡萝卜、甜菜和其他蔬菜成熟了。集体农庄庄员们把蔬菜运到火车站,火车又把它们运进城。这些天,城里的居民就能吃到鲜嫩可口的黄瓜,喝到用甜菜做的红菜汤,尝到用胡萝卜做的馅饼。

集体农庄的孩子们到树林里采蘑菇和熟透了的树莓、越橘。这些天,哪里有榛子林,哪里就有一群群的孩子。休想把他们撵出林子,他们在那儿采榛子,把口袋装得鼓鼓囊囊的。

现在大人们可顾不上采榛子,他们必须割麦、打麻,用速耕犁耕完所有的田,耙好耕过的地:秋播马上就要开始了。

森林的朋友

在伟大的卫国战争(即 1941–1945 年间在苏联进行的反对德国法西斯侵略者的战争)期间,我国的许多森林被毁掉了。各处林区正在积极重新造林。我国各中学的学生们在这方面提供了很大帮助。

要栽培一片新的松林,需要几百公斤的松子。三年来,孩子们一共收集了七吨半松子。他们还帮助整地、照料苗木、守护森林,以防止火灾发生。

■发自森林记者查列夫

大家都有活干

早晨,天刚蒙蒙亮,集体农庄庄员们就下地干活了。只要有大人的地方,就能见到孩子们。在刈草场,在农田里,在菜地里,孩子们都在给集体农庄庄员们帮忙。

瞧,孩子们扛着耙子走过来了。他们飞快地把干草耙到一块,然后装上大车,送到集体农庄的干草棚里。

杂草也总是让孩子们忙个不停:孩子们经常给亚麻田和马铃薯田清除香蒲、滨藜和木贼等杂草。

到了拔麻的季节,孩子们比拔麻机先来到亚麻地。

他们拔掉亚麻地四个角上的亚麻,好让拖着拔麻机的拖拉机更容易拐弯。

在收割黑麦的田里,孩子们也找到了活干。麦子收完后,他们把掉到地上的麦穗耙到一起,捡起来。

■发自普斯可夫斯基州斯拉夫可夫斯基区

"大地"集体农庄新闻

来自麦田的消息传到了红星集体农场。麦子报告说："我们长势良好。麦粒已经成熟，很快就会脱落。你们不用再照顾我们，甚至不用来看我们了。现在我们自己就能干成一切。"

集体农庄庄员们微笑道："好像不是这么回事吧，不用来看你们！现在正是我们最忙的时候！"

联合收割机开向了农田。联合收割机是干活的能手：它会割麦、磨麦和扬麦。联合收割机开进麦田的时候，黑麦长得比人高；而当它离开麦田的时候，只剩下低低的麦茬儿。联合收割机为集体农庄庄员们准备好了干净的麦粒。庄员们晒干麦粒，把它们装进麻袋，然后上缴给国家。

■发自尼·米·芭芙洛娃

变黄了的马铃薯田

我们《森林报》的记者来到红旗集体农场。他注意到这个集体农场有两块马铃薯田，其中一块大一些，是深绿色的；另一块小一些，已经变黄了。第二块田里的马铃薯茎叶黄黄的，仿佛快要死了似的。

我们的记者决定弄清楚是怎么回事。后来他寄来了以下报道："昨天，一只公鸡跑到变黄的田里。它刨松土，唤来许多母鸡，请它们吃新鲜的马铃薯。一位女庄员正好经过，看见后笑了起来，对女伴说：'你瞧！公鸡第一个来收我们早熟的马铃薯了。也许它知道我们明天就要开刨早熟的马铃薯了吧！'由此可见，茎叶变黄了的马铃薯，是早熟的马铃薯。它已经成熟了，所以它的茎叶变黄了。而那块面积大的深绿色田里，种的是晚熟的马铃薯。"

森林简讯

在集体农庄的树林里，第一只卷边乳菇从土里钻出来了。多么结实肥厚的一只卷边乳菇啊！

卷边乳菇的帽子上有个小坑，周边是湿乎乎的穗子。上面依附着许多松针。卷边乳菇周围的土略微隆起。假如把这块土挖开，就可以找到很多很多大卷边乳菇、小卷边乳菇、小小卷边乳菇和最最小的卷边乳菇！

打 猛 禽

一年四季都可以捕杀有害的猛禽。有各种各样打猛禽的方法。

在巢旁打

在巢旁打猛禽是最简便的方法。但是，这很危险。

为了保护自己的孩子，高大的猛禽会狂叫着向人直扑过来。必须在离它很近的地方开枪。枪要打得既快又准，不然你的眼睛可就保不住了。但是，很难找到它们的巢。雕、老鹰和游隼都把住房安置在难以攀登的悬崖上，或者密林里的大树上。大角鸮和大鸮鹰的巢做在岩石上，或者做在茂密树林里的地上。

偷袭

雕和老鹰常常停在干草垛上、白柳树上或者独自屹立着的枯树枝上，搜寻猎物。它们不让人靠近。

这就必须实施偷袭，就是从灌木丛或者石头后面悄悄地靠过去。必须用远射程的步枪和小子弹来打。

带上助手

猎人常常带着大角鸮，去打白天飞出来的猛禽。

他先把木杆插在小丘的某个地方，然后在木杆上安一根横木；在离木杆几步路远的地方，先栽入一棵枯树，再在树旁搭个小棚子。

第二天早晨，猎人带着大角鸮来到这里，把它系在木杆的横木上，自己躲在小棚子里。

用不着等多久。只要老鹰或者鸢看见这个可怕的怪物，马上就会向它扑过来。大家都想报复一下大角鸮这个夜间大盗。

它们盘旋着，向大角鸮一次次扑过来，然后落在枯树上，朝这个强盗大喊大叫。

被绑着的大角鸮，只得竖起浑身的羽毛，眨巴着眼睛，吧嗒着嘴巴，对猛禽却毫无办法。

怒火冲天的猛禽没有注意到小棚子。这时,你尽管开枪射击吧!

黑夜打猎

黑夜打猛禽是最有趣的。很容易发现老雕和其他大猛禽飞去过夜的地方。例如,在没有悬崖的地方,雕就睡在孤零零的大树树梢上。

在一个没有月光的黑夜,猎人来到大树旁。

雕睡得正香,所以猎人可以走到树下。突然,猎人把预先充好电的强光灯(手电筒或者电石灯)的耀眼亮光,照准雕射去。雕被这道出其不意的亮光照醒了,眯缝着眼。它什么也看不见,什么也不明白,目瞪口呆地坐在那儿。

猎人从树下望上去,看得一清二楚。他瞄准雕,开枪了。

允许打猎了

从七月底起,猎人们就等得急不可耐了,雏鸟已经长大,可是州执行委员会还没有确定今年可以开始打猎的日期。

终于等到了这一天。报上登出公告说,今年从 8 月 6 日起允许在树林里和沼泽地打鸟兽。

每个猎人都早已装好弹药,反复检查了猎枪。8 月 5 日那天下班的时候,各个城市的火车站上挤满了扛着猎枪、牵着猎狗的猎人。

火车站上各式各样的猎狗应有尽有!有尾巴像鞭子那样直的短毛猎犬和光毛猎犬,它们的颜色各种各样:白色带小黄斑点的,黄色带杂色斑点的,棕色带彩色斑点的;白色为主,但眼睛、耳朵、全身都带有大黑斑的;深咖啡色的;浑身乌黑发亮的。有毛很长、尾巴像羽毛的谍犬,它们的颜色有:白色,夹杂着泛着青光的小黑斑点的;白色,带大黑斑的。有"红色"的长毛猎狗:浑身火黄的,浑身火红的,几乎是纯红色的。还有大个子猎犬:它们很笨拙,行动迟缓,毛色黑黑的,带黄色斑点。这些猎狗都是为了夏天打猎、打刚离巢的野禽而饲养的,它们都经过训练,一闻到飞禽的气味,就会停住脚步,一动不动,等候主人过来。

还有一种毛很长、腿和尾巴都很短的矮小的猎狗,它的长耳朵几乎垂到地,这是西班牙狗。它不会停下来指明方向,可是带着它在草丛里、芦苇里打野鸭,或者在茂密的树林里打琴鸡,都非常有用。

这种狗会把飞禽从水里、芦苇丛里、茂密的灌木林里或者任何地方撵出来，会把打死或者受伤的飞禽衔来，交到主人手中。

大多数猎人都乘近郊火车下乡，每一节车厢都有。大家都朝他们看，看他们漂亮的猎狗。车厢里的全部话题就是野味、猎狗、猎枪和打猎的事情。猎人们觉得自己简直成了英雄，他们不时骄傲地望望这些"普通人"：没带猎枪和猎狗的乘客。

6号晚上和7号早晨的火车，又把这些乘客运了回来。可是，好些猎人完全没流露出胜利的神情，瘪塌塌的背包悲伤地垂在背上。

"普通人"笑呵呵地迎接这些不久前的打猎高手。

"你们打的野味在哪里呀？"

"野味留在林子里了。"

"飞到海上送死去了。"

然而，一阵低低的赞叹声迎接着一个从小车站上来的猎人：他的背包装得鼓鼓囊囊的。他不朝任何人看，只顾找座位，很快就有人给他让座了。他骄傲地坐了下来，可是他那眼尖的邻座已经在向全车厢的人宣布了：

"咦？为什么你这野味全带绿脚爪！"那人毫不留情地掀开背包的一角。

枞树的树梢儿从包里露了出来。

多尴尬呀！

成群月(夏三月)

森林里的新习俗

森林里的孩子们已经长大,钻出了鸟巢。

那些春天里成双作对、住在固定地盘上的鸟儿们,现在带着它们的孩子,在树林里过起了游牧生活。

森林里的居民们互相做客。

即使猛兽和猛禽,也不再严守着自己打食的地盘。野味到处都有,大家都有东西吃。

貂、黄鼠狼和白鼬在树林里闲逛。无论在哪里,它们都很容易搞到吃食:笨头笨脑的小鸟,缺乏经验的小兔,麻痹大意的小老鼠。

鸣禽一群群地在灌木和乔木间漫游。

群有群的习俗。

习俗是这样的:我为人人,人人为我。

谁先看见敌人,必须尖叫一声,或者吹声口哨,警告大伙,让大伙赶快四处逃散。假如有只鸟遇到危险,大家一齐上阵,大喊大叫,吓退敌人。

上百双眼睛、上百双耳朵在警戒着敌人,上百张尖嘴巴准备打退敌人的进攻。加入鸟群的小鸟当然越多越好。

小鸟在鸟群里必须遵守如下规矩:一举一动都得模仿大鸟。

大鸟们不急不慢地啄麦粒,小鸟也必须啄麦粒。大鸟们仰起头来一动不动,小鸟也必须仰起头来呆立不动。大鸟们逃跑,小鸟也必须跟着跑。

教练场

鹤和琴鸡都有一处真正的教练场地,供孩子们学习。

琴鸡的教练场在树林里。小琴鸡聚集在一起,看琴鸡爸爸干什么。

琴鸡爸爸咕噜咕噜叫,小琴鸡也跟着咕噜咕噜叫。琴鸡爸爸"丘呋!丘呋"地叫,小琴鸡也细声细气地"丘呋!丘呋"地叫。

只是现在琴鸡爸爸不像春天时那么叫了。春天时,它好像在叫:"我要卖掉皮袄,我要买件外套!"现在好像在叫:"我要卖掉外套,我要买件皮袄!"

小鹤排着队飞到教练场上来,它们学习在飞行时如何保持正确的三角形队形。必须学会这样飞,在长途飞行时才能节省力气。

身体最棒的老鹤,飞在三角形队列的最前面。作为全队的先锋,它必须花很大的力气冲破气浪。

等到它飞累了,就退到队尾,由另一只健壮的老鹤代替它当领队。

小鹤跟着排头兵飞,头对尾,尾对头,均匀地扇动着翅膀。谁的力气大些,就飞在前面,谁的力气小些,就跟在后面。三角形队列的尖头冲破一个个气浪,如同小船用船头破浪前进一般。

咕尔,啰!咕尔,啰!

这是在发布命令:"听口令,飞到了!"

鹤一只接着一只地落到地上。这里是田野当中的一块空地,小鹤在这儿练习跳舞和做体操:跳啊,转啊,富于韵律地做出各种灵巧的动作。它们还必须练习最困难的一项:先用嘴把一块小石子往上抛,再用嘴接住它。

它们在为长途飞行做准备……

蜘蛛飞行员

没有翅膀,怎么飞行?

必须想办法呀!瞧,蜘蛛摇身一变,成了气球飞行员。

小蜘蛛从肚子里抽出一根细蛛丝,挂到灌木上。微风吹得细蛛丝左右摇晃,却吹不断它。细蛛丝像蚕丝那么坚韧。

小蜘蛛站在地上,蜘蛛丝在树枝和地面之间飘荡。小蜘蛛站在地上,不停地抽丝。丝把身子缠住了,好像裹在蚕茧里似的,可是丝还在不断地抽出来。

蜘蛛丝越抽越长,风越刮越大。

小蜘蛛用脚爪抵住地面,牢牢地抓住地面。

一,二,三,小蜘蛛迎着风走上去,咬断挂在树枝上的那一端。

一阵风,把小蜘蛛推离了地面。

飞起来了!

赶紧把缠在身上的丝解开!

小气球上升了……在草地和灌木丛的上空高高飞翔。

飞行员从上往下看:降落在哪儿最合适呢?

下面是树林,是小河。继续往前飞!继续往前飞!

瞧,这是谁家的小院?一群苍蝇正围绕在粪堆旁。停下来吧!降落!

飞行员把蜘蛛丝绕到自己身底下,用小爪子把蜘蛛丝缠成一个小团儿。小气球越降越低……

预备:着陆!

蜘蛛丝的一头挂在草丛上,小蜘蛛着陆了!

可以在这里平静地过日子了。

可以看到许多小蜘蛛带着细丝在空中飞舞,这往往是在秋天干燥晴朗的日子里。这时农民们就会说:"夏老婆子来了!"那是秋的银发在飘。

森林中的大事

一只山羊啃光了一片树林

这不是说笑话,一只山羊确确实实啃光了一片树林。

这只山羊是护林员买的。他把它带回树林里,拴在草地的一截树桩上。半夜,山羊挣脱绳子,逃走了。

周围全是树木。它会上哪里去呢?幸亏附近没有狼。

护林员找了三天,也没找到。第四天,它自己跑回来了,"咩,咩,咩"地叫着,好像说:"你好!我回来了!"

晚上,邻近的一个护林员跑来了。原来山羊把他那个地段上所有的树苗都吃光了,啃掉了整整一片树林!

树木小的时候,完全没有自卫能力,随便哪只牲口,都能欺负它,把它连根拔出来吃掉。

山羊喜欢细小的松树苗。它们像小棕榈似的,模样俊极了:下面是细细的小红柄,上面是扇形的柔软的绿针叶。也许山羊觉得它们很美味吧!

显然,山羊不敢去碰大松树,大松树会把它刺得头破血流的!

■发自森林记者维利卡

草莓

在森林边,草莓变红了。鸟儿找到红色的草莓果,衔着飞走了。它们将把草莓的种子撒播到远方。可是有一部分草莓的后代依旧留在原地,和亲生母亲长在一起。

瞧,在这棵草莓旁,已经长出了匍匐的细茎——藤蔓。一棵小植株,长在藤蔓梢上,那是一簇丛生的小叶子和根的胚芽。这里又是一棵。在同一棵藤蔓上,长着三簇丛生的小叶子。第一棵小植株已经扎下了根,其余两棵的梢头还未长好。藤蔓从母本植株向四面八方延伸开去。必须在野草稀疏的地方找,才能找到带着上一年出生的子女的母本植株。比如说这一棵:中间是母本植株,孩子们围在它的周围,一共有三圈。每一圈有五棵。

草莓就这样一圈圈地扩展,占领土地。

■发自尼·米·芭芙洛娃

狗熊被吓死了

一天晚上,猎人很晚才走出森林,返回村庄。他走到燕麦田边,看见麦地里有个黑影在闪动。那是什么东西呀？

难道是牲口闯到了不该去的地方？

仔细一看，我的天啊！原来是只大狗熊。它肚皮朝下趴在地上，两只前掌抱住一束麦穗，把麦穗压在身子底下吮吸着！它懒洋洋地趴着，满意得直哼哼。看来，它很喜欢喝燕麦浆。

猎人没带子弹，只带了一颗小霰弹(他原本是去打鸟的)。可他是个勇敢的年轻人。

他想："嘿！不管打得中打不中，先开它一枪再说。总不能让狗熊糟蹋集体农庄的麦地吧！不打伤它，它是不会挪地方的。"

他装上霰弹，啪地一枪。枪声正好在大熊的耳朵边炸响。

这突如其来的响声把狗熊吓得一蹦三丈高。麦田边上有一丛灌木，狗熊像只飞鸟似的跃了过去。

狗熊摔了个大跟头，爬起来，头也不回地继续向森林里跑。

猎人看到狗熊胆子这么小，感到很好笑，然后他就回家了。

第二天，他想："得去瞧一瞧，不知田里的燕麦给狗熊糟蹋了多少。"他来到昨晚那个地方，只见熊粪的痕迹一直延伸到森林里，原来昨天狗熊吓得拉肚子了。

他顺着痕迹找过去，看见狗熊躺在那儿，已经死掉啦！

这么说，它竟然被意外的响声吓死了。狗熊还号称是森林里最强悍、最可怕的野兽呢！

食用蘑菇

雨后，蘑菇又长出来了。

长在松林里的白蘑菇(学名叫美味牛肝菌)是最好的蘑菇。

白蘑菇长得肥硕厚实，帽子是深栗色的。它们散发出的香味特别好闻。

油菇长在林中道路两旁的低矮的草丛里，有时它直接就长在车辙里。它们小的时候像只小绒球，长得很漂亮。漂亮固然漂亮，可是黏糊糊的，总有点什么东西粘在上面：不是枯树叶，就是细草秆。

松乳菇长在松林中的草地上，火红火红的，隔老远就能看见。这种蘑菇可真多！大的几乎跟小碟子一般，帽子被虫子蛀得都是洞，颜色变绿了。中等大小、比分币稍微大一点的蘑菇最好。这种蘑菇最厚实，它们的帽子中间往下凹，边沿卷起。

枞树林里也有很多蘑菇。白蘑菇和松乳菇也长在枞树下，但是和松林里长的不一样。白蘑菇的帽子是淡黄色的，柄更细长一些。松乳菇的颜色跟松林里长的完全不同，它们的帽子上面不是棕红色，而是蓝绿色，而且有一圈一圈的纹理，仿佛树桩上的年轮似的。

在白桦树和白杨树下，长着各自的蘑菇，因此，它们分别被称为白桦菇和白杨菇，学名分别叫做棕帽牛肝菌和橙盖牛肝菌。

白桦菇在离白桦树很远的地方也能生长，白杨菇却紧紧地靠着白杨树，它只能生长在白杨树的根上。白杨菇长得很漂亮，亭亭玉立，端庄大方。它的菇帽和菇柄如雕如琢。

■发自尼·米·芭芙洛娃

毒蘑菇

雨后，也长出了不少毒蘑菇。食用菇主要是白色的。不过，毒菇也有白色的。你可得小心辨认！它是毒菇中最毒的一种。吃下一小块毒白菇(学名叫毒鹅膏)，比让毒蛇咬一口更可怕。它可以叫人丧命。要是有人误吃了这种毒菇，很难恢复健康。

幸亏毒鹅膏很容易辨认。它和一切食用菇的区别，就是它的柄仿佛是插在细颈的大花瓶里似的。据说，很可能会把毒鹅膏跟香菇混淆，因为它们的菇帽都是白的。不过，香菇的柄是普通样子的，谁也不会认为它仿佛是插在花瓶里似的。

毒鹅膏最像蛤蟆菌，有人甚至把它叫做白蛤蟆菌。要是用铅笔把它画下来，人们会认不出，这是毒鹅膏还是蛤蟆菌。毒鹅膏跟蛤蟆菌一样，菇帽上有白色的碎片，菇柄上像带着一条小领子似的。

还有两种危险的毒菇，人们很容易把它们当做白蘑菇。这两种毒菇分别叫做胆菇和鬼菇。

它们不同于白蘑菇的特点是：它们的菇帽背后，不像白蘑菇那样是白色或淡黄色的，而是粉红色甚至是红色的。另外，假如把白蘑菇的菇帽掰碎,它还是白色的;假如把胆菇和鬼菇的菇帽掰碎,它们一开始变成红色,然后又变成黑色。

■发自尼·米·芭芙洛娃

白野鸭

一群野鸭降落在湖中央。

我在岸边看着它们。我惊讶地发现,在这一群生着夏季羽毛的纯灰色雄野鸭和雌野鸭中,有一只浅颜色野鸭特别引人注目。它一直待在野鸭群的中间。

我拿起望远镜,把它全面仔细地研究了一番。它从头到尾都是奶白色的。当清晨明亮的太阳从乌云后钻出来时,它突然变得雪白耀眼,在那一群深灰色的同类中,显得特别扎眼。其他方面,它和别的野鸭并无两样。

在我五十年的狩猎生涯中,还是第一次看见这种得了白化病的野鸭。患这种病的鸟兽,血液里缺乏色素。它们天生就是通体雪白,或者颜色非常淡,一辈子都是这样。它们丧失了在自然界里具有救命意义的动物保护色,这种保护色可以使它们在居住的地方不那么显眼。

我当然很希望打到这只稀奇的野鸭。不知道是什么奇迹,让它免于死在猛禽的利爪下。不过,现在可打不到它,因为这群野鸭落在湖心休息,就是为了不让人走近前去开枪。我变得心神不安起来,只好等机会,等在岸边时遇到这只白野鸭了。

我没想到,这样的机会很快来临了。

我正沿着狭窄水湾的岸边走,忽然几只野鸭从草丛里飞了出来,那只白野鸭也在其中。我连忙朝它射击。但是,在开枪的一瞬间,一只灰野鸭用身体挡住了白野鸭。灰野鸭被我的霰弹打中,摔了下来。白野鸭却和别的野鸭一起逃走了。

这是个偶然吗?毫无疑问,是的! 不过,那年夏天,我在湖中心和水湾里,还见过这只白野鸭好几次。它总是由几只灰野鸭陪伴着,仿佛在它们的护送之下似的。自然,普通灰野鸭会不由自主地把猎人的霰弹吸引到自己身上,而白野鸭在它们的保护下安然无恙地飞走了。

108

至少我始终没能打着它。

这件事发生在皮洛斯湖上。皮洛斯湖位于诺夫戈诺德州和加里宁州的交界处。

■发自维·比安基

绿色的朋友

应该种哪几种树

您知道最好用哪几种树来造新的树林吗？

我们知道，为了造林已选好十六种乔木和十四种灌木，这些树木在我国各地都可以栽种。

最主要的树木有：栎树、杨树、枵树、桦树、榆树、槭树、松树、落叶松、桉树、苹果树、梨树、柳树、花楸树、洋槐、锦鸡儿、蔷薇和醋栗等。

孩子们应该对此有所了解，并且必须牢记，为了开辟苗圃，需要采集哪些植物的种子。

■发自森林记者彼·拉甫诺夫谢·拉利昂诺夫

机器栽树

种很多很多树，光靠双手可来不及。

机器来帮忙了。人类发明制造了各种复杂巧妙的种树机。这些机器不但能播树木种子，还能栽种苗木，甚至栽种大树。有专门栽种森林带的机器，有在峡谷边上造林用的机器，有挖池塘的机器，有平整土地的机器，甚至还有照料苗木的机器。

新湖

在你们列宁格勒，有许多河流、湖泊和池塘，所以夏天不太热。可是在我们克里米边疆区，池塘很少，根本没有湖。只有一条小河流经这里；可是一到夏天，这条小河也干涸了，我们只要稍微卷起点裤腿，就可以赤脚走过河。

以前，我们集体农庄的果园和菜地，经常遭受旱灾。

现在果园和菜地再也不会缺水了。我们这一区的集体农庄庄员们新挖了一个水库——一个非常非常大的湖，蓄水量为五百万立方米。

这个湖的水足够用来浇灌我们五百公顷的菜地，还可以养鱼、养水禽！

■第聂伯罗彼得洛夫州 克里米边疆区少先队员
瓦·普龙钦科 列·卡巴特敏科

我们要帮助造林

我国人民现在正忙于伟大的和平建设。在伏尔加河、第聂伯河和阿姆河上，正在建造前所未有的水电站；用运河把伏尔加河和顿河连接起来；到处都在造可以保护农田免受沙漠恶风袭击的森林带。苏联全国人民都在参加共产主义建设。我们少先队员和小学生，也想帮助大人们从事这项有意义的事业。每一位少先队员都记得，他曾在同伴们面前宣过誓，要做一名祖国的名副其实的好公民。也就是说，我们的责任就是要竭尽全力，亲手建设共产主义。

数十万棵小栎树、小槭树和小梣树在伏尔加河沿岸立起来了，从草原的这一头一直排到草原的那一头。现在树苗还小，还没长结实，每一棵树苗都面临着许多敌人：害虫、小啮齿动物和干燥的热风。

我校的共青团员和少先队员们决定帮助大人们保护小树，不让它们受到敌人的侵袭。

我们知道，一只椋鸟一天可以消灭两百克的蝗虫。要是这种鸟住在森林带附近的话，它们就会给森林带来很大的好处。我们和乌斯契·库尔郡、普里斯坦等地的少先队员们一起，制作了三百五十个椋鸟房，挂在小树旁。

金花鼠和其他啮齿动物给小树带来很大的危害。我们要和农村的小朋友们一起消灭金花鼠：往鼠洞里灌水，用捕鼠机抓它们。我们要制作一批专门捕捉金花鼠用的捕鼠机。

我们州的集体农庄将补种护田林带中未成活的小树，所以，他们需要大量的种子和树苗。今年夏天，我们将收集一千公斤种子。乌斯契·库尔郡和普里斯坦各学校将开辟苗圃,为护田林带培育栎树、槭树以及其他树苗。我们将和农村的小朋友们一起组织少先队员巡逻队,保护林带,不让它们遭受践踏、损坏和发生火灾。

当然,所有这些都是我们少先队员应该做的微不足道的事情。不过,如果苏联全国的少先队员和小学生都照我们的样子做,我们就可以给祖国带来很大的益处。

■萨拉托夫城第 63 中(男子七年制中学)
全体同学

帮助振兴森林

我们少先队员参加了造林活动。我们收集各种林木种子,上交给集体农庄和护田造林站。我们在校园的附属地块上,开辟了一个小苗木圃,种植了橡树、枫树、山楂子、白桦和榆树。我们自己采集了这些树的种子。

■发自少先队员嘉·斯米尔诺娃
尼·阿尔卡吉耶娃

园林周

在我国的各个城市和农村,决定每年举办一次园林周。在中部和北部各州,十月初举办;在南方各区,十一月初举办。

在筹备庆祝十月革命三十周年的活动时,举办了第一届园林周,当时,新开辟了数千个集体农庄花园。在国营农场、农业机器站、学校、医院等机关的院子里,在公路和街道两旁,在集体农庄庄员、工人和职员的住房附近,新种了几百万棵果树。瞧,少年林业家和少年园艺家为了迎接这个伟大的节日,献给国家一份多么好的礼物啊!

在今年的园林周前,国营苗木场早就准备好了几千万棵苹果树和梨树的树苗,以及大量浆果和观赏性植物的苗木。现在正是开辟新花园的大好时机。

■发自塔斯社

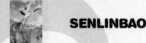
森林里的战争(续四)

以下是我们记者在第四块采伐迹地采访到的新闻。这片森林是大约三十年前砍光的。

瘦弱的小白桦和小白杨,都死在了健壮的姐姐们的辣手之下。这时,在丛林的下面一层,只剩下枞树还活着。

当枞树在阴影里悄悄生长的时候,高大强壮的白桦和白杨树继续在上面大饱口福、大打出手。历史又重演了:只要哪棵树长得比旁边的树高一些,成了胜利者,就残酷无情地扼杀失败者。

失败者干枯了,倒下了。这样,阳光透过树叶帐篷顶上新出现的窟窿,如瀑布般飞泻而下,射入地窖,径直落到小枞树的头上。

小枞树吓了一跳,病了。

得过上一段日子,它们才能习惯阳光呢!

它们渐渐恢复了健康,掉换了身上的针叶。这时,它们开始飞快地长高,敌人甚至来不及补好头上的破帐篷。

这些幸运的枞树,最先长到跟高大的白桦、白杨一般高。其他结实多刺的枞树紧随其后,也把长矛似的树梢尖伸到上头来了。

漫不经心的胜利者白杨和白桦这时才发现,它们让多么可怕的敌人住进了自家的地窖里。

我们的记者亲眼见证了这场仇敌之间的惨烈的肉搏战。

刮起了阵阵强劲的秋风。秋风让挤成一团的树木焦躁不安。阔叶树扑向枞树,用长手臂(树枝)拼命地鞭打敌人。

连平时抖抖索索、说话轻声轻气的胆小鬼白杨,也盲目地挥舞起树枝,想跟黑黝黝的枞树干一仗,扭断它们的针叶树枝。

不过白杨是个很差劲的战士。它们毫无弹性,手臂也不粗壮。结实的枞树根本不怕它们。

白桦就是另外一回事了。它们体格健壮，力大无穷，柔韧性又好。即使风不大，它们那富于弹性的、弹簧似的手臂，也会摆动起来。要是白桦摇晃身子，那附近的树都得小心，因为它的拥抱太吓人了！

　　白桦和枞树展开了贴身战。白桦用柔韧的树枝鞭打枞树，抽断一簇簇的针叶。

　　只要白桦一扭住枞树的针叶树枝，枞树的针叶就干枯了；只要白桦缠绕住枞树干，枞树的树梢就枯萎了。

　　枞树能击退白杨，却抵挡不住白桦。枞树本身很坚硬，虽然不容易折断，却很难弯曲：它们无法用僵硬的针叶树枝缠绕住别的树。

　　我们的记者没有看到森林里的战争的最终结果。他们必须在这里住上很多年，才能看见战果。所以，他们前去寻找森林里那些已经结束了战争的地方。

　　我们将在下一期的《森林报》上报道，他们在何处找到了这样的地方。

秋

候鸟辞乡月(秋一月)

森林中的大事

发自森林的第四封电报

那些身穿艳丽的五彩华服的鸣禽都不见了。因为它们是半夜起飞的,我们没看见它们上路时的情况。

许多鸟儿更喜欢在夜间飞行,因为这样安全些。在黑暗中,游隼、老鹰和其他猛禽不会攻击它们。白天,这些猛禽都从森林里飞了出来,正在半路上恭候着!在漆黑的深夜,候鸟也能找到飞往南方的航路。

野鸭、潜鸭、大雁和鹬等水禽一群群地出现在海上的长途飞行航线上。这些长着翅膀的旅客在春天休息过的地方休息。

森林里的树叶在变黄。兔妈妈又生下六只小兔子。这是今年最后一窝小兔了。人们把它们叫做落叶兔。

不知道是谁,每天夜里在海湾内的淤泥岸上,画了一些小十字。这些小十字和小点子布满淤泥岸。我们在小海湾的岸边搭了一个小棚子,想偷偷看个明白:是谁在那儿淘气。

离别歌

白桦树上的叶子,已经所剩无几。早已被主人们丢弃的小房子——椋鸟巢,在光秃秃的树干上,孤零零地晃荡着。

不知怎么回事,忽然飞来两只椋鸟。雌椋鸟钻进巢里,紧张地忙碌起来;雄椋鸟栖在枝头,待了一会儿,向四处张望……然后唱起歌来!唱得挺轻的,仿佛是唱给自己听似的。

雄椋鸟唱完了歌。雌椋鸟从巢里飞出来,急忙向鸟群飞去。雄椋鸟紧跟着飞了过去。到时候了,到时候了,不是今天,就是明天,它们就要出远门了。

它们是来跟这座小巢道别的。今年夏天,它们在这里孵出了小鸟。

它们不会忘记这座小巢,明年春天还要回来居住。

水上旅行

濒临死亡的小草在地上直哼哼。

著名的飞毛腿长脚秧鸡,已踏上了漫长的旅途。

矶凫(jí fú)和潜鸭出现在海上长途航线上。它们很少用翅膀飞行,经常潜进水里捉鱼。它们就这么游着,游着,游过湖泊和港湾。

它们甚至不用像野鸭那样,必须先在水面上微微欠起身子,然后再猛地钻进水里。它们的身子极其灵巧,只要把头一低,再用桨一般的脚蹼使劲一划,就钻到深水里去了。矶凫和潜鸭在水底自由自在,来去自如。没有一种猛禽能够在水下追到它们。它们游得快极了,甚至能赶上鱼。

但是,比起飞得快的猛禽来,它们的飞行本领可就差远了。它们何必冒险飞到空中去呢? 只要是可以游水的地方,它们都用游泳来做长途旅行。

林中巨人的鏖战

傍晚,太阳就要落山了。从森林里传来短暂的、喑哑的吼叫声。林中巨人——长着犄角的大公麋鹿从密林里走了出来。它们用发自肺腑的喑哑的吼声向对手挑战。

斗士们在林中空地上相遇。它们用蹄子刨着地,令人生畏地摇晃着沉重的犄角。它们的双眼布满血丝,低下长着大犄角的头,相互猛扑。

犄角噼里啪啦地相撞，钩在一起。它们用巨大身躯的全部重量猛撞对方，竭力想扭断对方的脖子。

它们分开来、又冲上去，一会儿把身子弯到地，一会儿又用后腿立起来，用犄角相互猛撞。

笨重的犄角相撞的咚咚声在森林里轰鸣。难怪人们把公麋鹿叫做犁角兽——它们的犄角像犁似的又大又宽。

战败的公麋鹿，有的慌忙逃离战场；有的受到可怕的大犄角的致命撞击，扭断了脖子，血淋淋地倒在地上。获胜的公麋鹿，用锋利的蹄子践踏对方。

于是，雄壮的吼声又响彻森林，犁角兽吹起胜利的号角。

一只没有犄角的母麋鹿在森林深处等待它。获胜的公麋鹿成了这一带的主人。

它不容许其他任何一只公麋鹿踏入它的领地。它甚至不能容忍年轻的小麋鹿，把它们也撵走了。

它那雷鸣般嘶哑的吼声，一直传到很远的地方。

最后一批浆果

沼泽地上，蔓越橘成熟了。它们长在泥炭的草墩上，浆果直接长在苔藓上。隔老远就可以看见浆果，可是看不见它们长在什么东西上面。只有凑到近处，才能看见，在毯子般的苔藓上，蔓延着像纤维一样细的茎。茎两旁生着坚硬的亮晶晶的小叶子。

这就是一整棵小灌木。

■发自尼·米·芭芙洛娃

上路啦

每天夜里，都有一批长着翅膀的旅客出发上路。跟春天时大不相同，它们不慌不忙地静悄悄地飞着，停歇的时间很长。看得出，它们不愿意离开家乡。

候鸟飞走的次序跟飞来时正好相反：色彩艳丽的、五彩缤纷的鸟儿先飞走，春天第一批飞来的燕雀、百灵和鸥鸟最后飞走；有许多鸟让年轻的先飞；燕雀是雌的比雄的先飞；体格健壮、耐受力强的鸟儿，逗留得久一些。

大多数鸟儿直接往南飞：飞向法国、意大利和西班牙，飞向地中海和非洲。有些鸟儿往东飞：经过乌拉尔，经过西伯利亚，飞往印度；有的甚至飞往美国。几千公里的路程，在它们的脚下一闪而过。

等待助手

乔木、灌木和青草，都在忙于安排后代。

一对对翅果从械树枝上挂下来。翅果已经开裂，在等待风把它们吹落、传播开去。

草儿也在等待风：在高高的长茎上，一串串蓬松的、真丝般的灰色茸毛从干燥的头状花里露出来；香蒲的茎，长得比沼泽地里的草还要高，它的顶梢穿上了褐色的小皮袄；山柳菊的毛茸茸的小球，准备好在晴朗的日子里被微风脱去外套。

还有许多别的草，小果实上生着或长或短、或普通、或羽毛状的细毛。

在收割完庄稼的田里，在路旁和沟渠旁，植物们等待的已不是风，而是四条腿的动物和两条腿的人。这些植物里面，有牛蒡，它那带刺的干燥花盘里，装满了带棱角的种子；有带着黑色三角形果实的金盏花，它最爱戳路人的袜子；有带钩刺的猪秧秧，它的小圆果实喜欢牢牢钩住人的衣服，只能用纤维布才能把它揩掉。

■发自尼·米·芭芙洛娃

秋天的蘑菇

现在森林里光秃秃、湿漉漉的，散发着烂树叶的味道，一片凄凉！唯一能给人带来快乐的，是一种蜜环菌，让人看了心情愉快。它们有的一堆堆地长在树墩上，有的爬上了树干，有的分布在地上，仿佛离群索居似的。

看着让人高兴，采起来也痛快。即使光采菇帽，专挑好的采，也几分钟就可以采满一小篮。

小蜜环菌长得挺好看：菇帽绷得紧紧的，像小孩头上戴的无边帽，下面围着一条白色的小围巾。几天后，帽子边会往上翘，变成一顶名副其实的帽子；围巾将变成领子。

整个菇帽上长着烟丝般的鱼鳞片。它是什么颜色的?很难说准确,总之是一种叫人很愉悦的、宁静的浅褐色。小蜜环菌的菇帽下的菇褶是白色的,老蜜环菌的是淡黄的。

你可曾发现:当老菇帽渐渐遮住小菇帽的时候,小菇帽上仿佛扑了一层粉。你想:"难道它们发霉了?"可是马上你会想起:"这就是孢子呀!"是的,这是老菇帽撒下来的孢子。

假如你想吃蜜环菌,一定得了解它们的特征。市场上常常把毒菇当做蜜环菌。毒菇与蜜环菌长得很像,也长在树墩上。不过,毒菇的菇帽下没有领子,菇帽上没有鳞片,菇帽的颜色是鲜艳的黄色或粉红色,帽褶呈黄色或浅绿色。毒菇的孢子是发黑的。

■发自尼·米·芭芙洛娃

发自森林的第五封电报

我们在观察,究竟是谁在海湾沿岸的淤泥地上,画了小十字和小点子。

原来是滨鹬。

布满淤泥的小海湾是滨鹬的小饭店。它们在这儿歇歇脚,吃点东西。它们迈着长腿在柔软的淤泥上走来走去,留下许多三趾分得很开的脚趾印。它们把长嘴插到淤泥里,从里面拖出小虫当早饭,这时就留下了小点子。

我们抓到一只鹤,整个夏天它都待在我家房顶上。我们把一个很轻的铝制金属环套在它脚上,环上刻着一行字:Moskwa, Omitolog, Komitet, A, NO.195(莫斯科,鸟类学研究委员会,A 组第 195 号)。然后,我们放掉了这只鹤,让它带着环飞走了。要是有人在它过冬的地方抓住它,我们就可以从报上得知,我们这地区的鹤在什么地方过冬。

森林里的树叶已经染成了五颜六色,开始往下掉。

■发自本报特约记者

城市新闻

勇猛的袭击

在列宁格勒的伊萨基耶夫斯基广场上，光天化日之下，一出勇猛袭击的好戏在行人的眼皮底下上演。

广场上，一群鸽子飞了起来。这时，一只老鹰从伊萨基耶夫斯基大教堂的圆屋顶上冲下来，向最边上的鸽子猛扑过去。只见一堆羽毛在空中飞舞。

行人看见那群惊慌失措的鸽子，四散到一幢大房子的屋檐下。老鹰用脚爪钩住啄死的鸽子，吃力地朝大教堂的圆屋顶飞去。

我们的城市上空，是鹰迁移的必经之路。这些长着翅膀的猛禽，喜欢在教堂的圆屋顶和钟楼上搭建强盗巢，因为可以方便快捷地从这里搜寻猎物。

夜的惊恐

在市郊，几乎每夜都惊恐不安。

人们听见院子里的喧闹声，就从床上跳起来，把头探出窗外。怎么啦？发生了什么事？

在楼下，在院子里，家禽大声地扑腾着翅膀，鹅"咯咯"地叫，鸭子"呷呷"地吵。难道黄鼠狼来吃它们了？或者狐狸钻进了院子？

可是，在石砌的围墙里，在房子的铁门里面，哪来的狐狸和黄鼠狼？

主人们巡视了院子，检查了家禽栏。一切正常，什么也没看见。谁也不可能钻进这带有坚固门锁和门闩的院子里来。也许只不过是家禽做了个噩梦吧！瞧，它们现在不是已经安静下来了嘛。

人们爬上床，安心睡觉。

可是过了一个小时，又"咯咯咯"、"呷呷呷"地吵起来。惊恐喧闹，乱作一团。怎么回事？又出了什么事？

请打开窗户，屏息静听吧！在黑沉沉的天空上，星星闪着金光。寂静无声。

可是，似乎有一道不可捉摸的黑影，在上空掠过，一个接一个，遮住了天上的金色星星。响起一阵轻轻的、断断续续的啸声。这种模糊不清的声音，从高高的夜空中传来。

家鸭和家鹅立刻醒了过来。这些鸟儿好像早已忘却了自由，此刻却由于莫名的冲动，不停地扇动着翅膀。它们踮起脚尖，伸长脖子，悲苦地叫呀，叫呀。

它们那些自由的野姊妹们，从黑暗的高空用召唤回应着它们。一群又一群长着翅膀的旅行家，正从石头房子、铁房顶上空飞过。野鸭的翅膀发出"噗噗"的声音。大雁和雪雁轻轻地你呼我应：

"咯！咯！咯！上路吧！上路吧！远离寒冷！远离饥饿！上路吧！上路吧！"

候鸟清脆的"咯咯"声消失在远处。而那些早已忘记飞翔的家鸭和家鹅，却还在石头院子的深处辗转反侧。

发自森林的第六封电报

寒冷的早霜降临了。

有些灌木的叶子，如同被刀削过了一般。树叶雨点似的纷纷飘落。

蝴蝶、苍蝇和甲虫都躲了起来。

候鸟中的鸣禽，急匆匆地飞过一片片丛林和小树林。它们已经感到了饥饿。

只有鸫鸟不抱怨缺少吃的。它们成群结队地扑向一串串熟透的山梨。

寒风在光秃秃的树林里呼啸。树木都在沉睡中。森林里再也听不见鸟儿的歌唱了。

■发自本报特约记者

山鼠

我们挑选马铃薯的时候，突然有样东西从牲畜栏的地下"沙沙"地往外钻。后来一只狗跑了过来，在这附近蹲下，开始用鼻子闻。可那小兽还在"沙沙"地往外钻。狗开始刨坑，一边刨，一边"汪汪"地叫，因为那小兽正朝着它这个方向钻。狗先挖了个小坑，可以看见小兽的头顶。接着，狗又挖了一个大坑，把小兽拖了出来。小兽不停地咬它。狗把小兽扔了出去，大声吠叫起来。小兽像小猫那么大，灰蓝色的毛，夹杂着黄、黑、白三色。我们把这种小动物叫做山鼠。

■发自森林记者别兹美内依

喜鹊

春天，几个农村孩子捣毁了一个喜鹊巢。我从他们那里买来一只小喜鹊。只过了一天一夜，它就驯服了。第二天，它已经敢从我手里吃东西、喝水了。我们管它叫"女巫师"。它听惯了这个绰号，我们一叫，它就答应。

喜鹊的翅膀长齐了以后，老喜欢飞到门上去，站在门上面。在门对面的厨房里，摆着一张带活动抽屉的桌子。抽屉里总放着一些食物。有时候，我们刚拉开抽屉，喜鹊就从门上飞下来，钻进抽屉里，飞快地啄着那里面的东西。把它拖出来的时候，它还叽叽喳喳地叫着不肯出来。

我去提水的时候，只要喊一声：

"女巫师，跟我走！"

它就落到我的肩上，跟我走了。

我们吃茶点的时候，喜鹊总是第一个忙碌起来：抓糖，抓面包，有时候还把爪子伸进了滚烫的牛奶里。

但是最可笑的，是我到菜园里给胡萝卜地除草的时候。

"女巫师"先蹲在菜垄上看我怎么干，然后也开始拔菜垄上的草，照我的样子把绿茎拔起来，放到一堆。它是在帮我除草呢！

不过，它弄不清应该拔什么，总是把杂草和胡萝卜一起拔出来。真是个好助手啊！

■发自森林记者薇拉·米赫耶娃

躲起来……

天变冷了，天真冷！

美丽的夏天过去了……

血液冻得快要凝住了，懒得动弹。总想打瞌睡。

长着尾巴的蝾螈，整个夏天都住在池塘里，一次也没出来过。现在它爬上岸，慢慢地爬到树林里。它找到一个腐烂的树墩，钻到树皮下，在里面缩成一团。

青蛙恰恰相反：它们从岸上跳进池塘，沉到池底，深深地钻进淤泥里。蛇和蜥蜴躲到树根底下，把身子藏在暖和的苔藓里。鱼儿成群结队地挤到河流的深处，水底的深坑里。

蝴蝶、苍蝇、蚊虫和甲虫都钻到树皮和墙壁的裂口和细缝里，藏了起来。蚂蚁堵住了全部的大门，堵住了高城里一百个城门的出入口。它们钻进高城的最深处，在那里挤作一团，彼此紧紧地挨在一起，一动也不动地睡着了。

忍饥挨饿的时候到了！忍饥挨饿的时候到了！

属于热血动物的飞禽走兽倒不太怕冷。只要有东西吃就可以了。

每当它们吃下东西，就好比体内生起了一盆火。可是，饥饿总是伴随着寒冷一道降临。

蝴蝶、苍蝇和蚊虫都藏起来了。蝙蝠也没东西可吃了。它们躲在树洞、石穴、岩缝里和阁楼的屋顶下面，用后脚爪钩住一样东西，头朝下倒挂着。它们用翅膀遮住身体，好比披了一件风衣似的，就这样入睡了。

青蛙、癞蛤蟆、蜥蜴、蛇和蜗牛全部躲了起来。刺猬躲进树根下的草巢里。獾也很少出洞了。

候鸟飞往越冬地

从天上看秋天

要是能从天上看看我们一望无际的祖国，该多么令人兴奋！秋天，乘着热气球升到高空，升到比岿然不动的森林还要高，升到比飘移的白云还要高，离地面大约三十公里吧！即使升到那么高，还是看不到我国国土的尽头。当然，假如天气晴朗，没有云层遮蔽大地，就可以望得非常远。

从那么高的地方望去，会觉得我们整个的国土在移动：有什么东西在森林、草原、山丘和海洋的上空移动……

原来是鸟儿。数不尽的鸟群。

我们的候鸟，飞离故土，飞往越冬地去了。

当然，也有些鸟留了下来，像麻雀、鸽子、慈鸟、灰雀、黄雀、山雀、啄木鸟和其他许多小鸟，都不飞走。除了鹌鹑以外，所有的野雉也不飞走。还有老鹰和大猫头鹰也留了下来。但即使是这些猛禽，冬天在我们这儿也没什么可干的。大多数鸟儿冬天都离开了我们这里。候鸟从夏末就开始飞离，春天最后飞来的那批鸟最先飞走。这样的飞离持续整整一秋，直到河水封冻为止。最后飞离我们的，是春天最先飞来的那一批：白嘴鸦、百灵鸟、椋鸟、野鸭和鸥……什么鸟往什么地方飞

你们可能会以为鸟儿都从同温层飞往越冬地，即所有的鸟群都从北往南飞吧？根本不是这么回事。

各种不同的鸟儿，在不同的时间飞走，大多数鸟在夜间飞行，因为这样更安全。而且，并非所有的鸟都从北方飞到南方过冬。秋天，有些鸟从东方飞到西方；有些鸟恰恰相反，从西方飞到东方。我们这里有一些鸟，径直飞到北方去过冬！

我们的特约记者，有的给我们拍来无线电报，有的利用无线电广播向我们播报：什么鸟往什么地方飞、长着翅膀的旅行家们在旅途中身体如何。

"切侬！切侬！切侬！"红色的朱雀在鸟群里这样交谈。早在八月份，它们就从波罗的海边、从列宁格勒州和诺夫戈诺德州开始旅行。它们不慌不忙地飞着：到处都有食物，足够吃的，急什么呢？又不是赶回故乡去筑巢和养育后代。

我们看见它们飞过伏尔加河，飞过不高的乌拉尔山脉。现在看见它们在西伯利亚西部的巴拉巴草原上。它们不停地往东飞，朝着太阳升起的方向飞。它们从一片丛林飞到另一片丛林，巴拉巴草原上的桦树林比比皆是。

它们尽可能夜间飞行，白天则休息、吃东西。虽然它们成群结队地飞，每一只小鸟都留意四周，生怕遭遇不测，可是不幸还是会发生，还是

保全不了自己，总有一两只会被老鹰捉去。在西伯利亚，雀鹰、燕隼和灰背隼这类猛禽应有尽有。它们飞得特别快，速度惊人！当小鸟从一片丛林飞往另一片丛林的时候，不知有多少只要被猛禽捉去！夜里毕竟安全些，猫头鹰的数量相对少一些。

朱雀在西伯利亚转弯，它们要飞越阿尔泰山脉和蒙古沙漠，飞到炎热的印度去过冬。在艰难的旅途中，还有多少只小鸟要枉送性命啊！

从东往西飞

在奥涅加湖上，每年夏天都要孵化出一大群黑压压的野鸭和白云般的鸥。等秋天降临时，这些野鸭和白鸥，就要往西，往日落的方向飞了。一群针尾鸭和鸥动身前往越冬地。让我们乘飞机跟着它们吧！

你们听见刺耳的呼啸声了吗？紧接着，是水的泼溅声、翅膀的扑腾声、野鸭无所顾忌的呷呷声、鸥的喊叫声……

这些针尾鸭和鸥，本来打算在林中小湖上歇歇脚，谁知遇上了一只迁徙的游隼。仿佛牧人的长鞭带着啸声刺破空气似的，游隼在野鸭的背上疾驰而过。它那最后一个脚指头上的爪，像小弯刀的刀尖一样锋利，猛地刺向野鸭。顿时一只野鸭的长脖子像根木棍似的垂下来，它还没来得及掉入湖中，动作敏捷的游隼蓦地一个转身，在水面上及时地抓住了它，用钢铁般的嘴朝野鸭后脑勺致命一啄，就拿去当午餐了。

这只游隼是这群野鸭的梦魇。它从奥涅加湖和它们一同启程，和它们一起飞过了列宁格勒、芬兰湾、拉脱维亚……它肚子饱的时候，就蹲在岩石或树上，冷冷地看着鸥在水面上飞翔，野鸭在水上翻跟头，看着它们从水面上飞起，成群结队地继续往西飞，往太阳像只黄球跌入波罗的海的灰色海水里的方向飞。但是，只要游隼感到饿了，它立刻追上野鸭群，抓一只野鸭当饭吃。

它就这样跟着野鸭群，沿着波罗的海岸、北海岸、德国海岸飞行，一直飞到了不列颠群岛。只有到了不列颠海岸附近，这只长着翅膀的恶狼才可能不再继续纠缠它们。野鸭和鸥留在这里过冬。要是游隼愿意的话，它可以跟着别的野鸭群往南飞，飞向法国、意大利，然后越过地中海飞往炎热的非洲。

往北，往北，飞向长夜漫漫的地区

绒鸭给我们提供做冬大衣用的又轻又暖的鸭绒。在白海的干达拉克沙禁猎区，绒鸭平静地孵出了小鸭。这里保护绒鸭的工作已经开展了多年。为了弄清楚绒鸭从禁猎区飞到什么地方过冬，有多少只绒鸭回到禁猎区、回到自己的老巢来，也为了弄清楚这些神奇的鸟儿的其他生活细节，大学生和科学家们把带着编码的很轻的金属环套到绒鸭的脚上。

现在已经搞明白，绒鸭从禁猎区差不多一直往北飞，飞往长夜漫漫的北方，飞往北冰洋，那里居住着格陵兰海豹，还有白鲸在大声叹息，音调悠长。

白海很快将被厚厚的冰层覆盖，冬天绒鸭在这里无食可觅。在那里，在北方，水面一年四季不结冰，海豹和大白鲸在那里抓鱼吃。

绒鸭从岩石和水藻上啄软体动物或水中小贝壳吃。这些北方的鸟儿，只要能吃饱就成。尽管严寒逼人，周围是无边的汪洋和无尽的黑暗，它们一点也不害怕。它们的鸭绒冬衣丝毫不透寒气，是世界上最暖和的绒毛！何况空中不时还会出现神奇的北极光，有巨大的月亮和明亮的星星。那里的太阳一连几个月不从海里露面，但这又有什么关系呢？反正北极的绒鸭觉得挺舒服，吃得饱饱的，在那儿悠然自得地度过漫长的北极冬夜。

候鸟迁徙之谜

为什么有的鸟径直往南飞，有的鸟往北飞，有的鸟往西飞，有的鸟往东飞？

为什么许多鸟要等到结冰、下雪、没有东西可吃的时候，才离开我们；而有的鸟(例如雨燕)却按照日历在固定的日期离开我们，即使周围的食物很充足？

而最最主要的问题是：为什么它们知道，秋天该往哪儿飞，该在哪儿过冬，沿着什么线路飞？

例如，一只小鸟在这里，在莫斯科或列宁格勒附近，从蛋里孵了出来。可它却飞到南部非洲或者印度过冬。我们这儿有一种小游隼飞得飞快，它从西伯利亚一直飞到天边，飞到澳大利亚去。在澳大利亚住一段时间,又飞回西伯利亚,飞到我们这儿过春天。

森林里的战争(续完)

我们记者找到这么一块地方,在那里,林木种族间的鏖战已经结束。那地方,就是我们的记者在旅行刚开始时到过的枞树国。

以下是他们采访到的关于这场残酷战争的结束情况。

大批的枞树死于跟白桦、白杨的肉搏战。不过最终还是枞树胜利了。它们比敌人年轻。白桦和白杨的寿命比枞树短。年老体弱的白桦和白杨不能再像敌人那样迅速地生长。枞树长得比它们高了,把可怕的毛烘烘的大手掌伸到它们头上,于是喜爱阳光的阔叶树开始枯萎。

枞树却一直在长大、长高,它们的树荫越来越浓。树下的地窖越来越深,越来越暗。在地窖里,贪婪的苔藓、地衣、小蠹虫和木蠹蛾在等待着战败者;在那里,缓慢的死亡在等待着战败者。

一年又一年过去了。

离人们砍光原来那片阴森森的老枞树林,已经过去了一百年。抢夺那块空地的战斗也持续了一百年。现在,在老地方,又矗立着同样一座阴沉沉的老枞树林。

老枞树林里,既听不见鸟儿歌唱,也看不见快乐的小野兽落户。各种各样偶尔出现的绿色小植物,都逐渐枯萎,很快死在阴沉沉的枞树国。

冬天来了。每年冬天,林木种族都休战一段时间。树木入睡了。它们睡得比洞里的狗熊还香。睡得仿佛死去了一般。树液在树干里停止了流动,它们不吃,也不再生长,只是昏沉沉地呼吸着。

仔细听听,寂静无声。

定睛瞧瞧,这是个布满战士尸体的战场。

我们的记者得知:今年冬天,这片巨大的、阴沉沉的枞树林将被砍掉。按计划,将在这里采伐木材。

明年,一片新的荒漠——采伐迹地将在这里出现。林木种族将开始

新的战斗。

但是,这次我们将不再允许枞树获胜。我们将干预这场可怕的、连绵不绝的战争,把这里从未见过的新林木种族,移植到砍伐迹地上来。我们将关注它们的成长。要是有必要的话,我们将在树篷顶上砍几扇天窗,让明媚的阳光照射进来。

那时,鸟儿一年四季都将在这里给我们吟唱欢快的歌曲。

和平树

不久前,我校的全体同学,号召莫斯科州拉缅斯基区的低年级同学们,每人在植树周种一棵和平树。少年米丘林工作者们和成年的园艺家们,都答应帮助他们栽培和平树。小朋友们读书、成长,和平树将在校园里和他们一道成长!

■莫斯科州茹科夫斯基市第四小学全体学生

集体农庄新闻

精挑细选母鸡

昨天,在突击队员集体农庄的养禽场里,在挑选最佳母鸡。先用木板小心翼翼地把母鸡赶到一个角落里,然后抓住它们,交给专家一只一只地鉴别。

瞧,专家的手里抓着一只长嘴、身材细高的母鸡,小小的鸡冠颜色暗淡,两只眼睛似睁非睁,显得傻乎乎的,仿佛在问:"干吗打扰我呀?"

专家放回了这只母鸡,说:"我们不需要这样的母鸡。"

后来,专家的手里抓着一只短嘴大眼睛的小母鸡。它的头很宽,鲜红的鸡冠子歪在一边。两只眼睛闪着亮光。母鸡一面拼命挣扎,一面乱叫:"放开我!放开我!别赶我,别抓我,别干扰我!你自己不吃蚯蚓,还不让别人挖!"

"这只挺好!"专家说,"这只会给我们下蛋的。"

原来母鸡也要活泼乐观、精力旺盛，才能下好多蛋。

■发自尼·米·芭芙洛娃

乔迁之喜与改名之喜

小鲤鱼们搬了新家改了名。春天的时候，它们的妈妈在小池塘里产下卵。从卵里孵出七十万尾鱼苗。这个池塘里没有其他住户，就住着这一大家子：七十万个兄弟姊妹。可是一周半之后，它们就觉得拥挤了，因此搬到了夏季的大池塘里住。鱼苗在池塘里长大了，快到秋天的时候就不再叫做鱼苗，而叫做鲤鱼了。

现在，小鲤鱼正打算搬到冬季的池塘里住。过了冬天，它们就满一周岁了。

星期天

小学生们帮助朝霞集体农庄挖掘肉质直根植物：甜菜、冬油菜、芜菁、胡萝卜和香芹菜。孩子们发现，芜菁比脑袋瓜最大的小学生瓦吉克的头还要大。可是，最让他们惊讶的，是硕大的饲料胡萝卜。

坎娜把一根胡萝卜竖在她的脚旁，这根胡萝卜竟跟她的膝盖一般高！胡萝卜的上半截，像巴掌那么宽。

"在古代，人们一定用这种根打仗，"坎娜说，"用芜菁代替手榴弹打敌人。当战斗进行到肉搏战的时候，嘭！就用这种大胡萝卜猛敲敌人的脑袋壳！"

"在古代，人们根本培育不出这么硕大的根。"瓦吉克反驳道。

"请君入瓮"

红十月集体农庄的养蜂员这么说。

那天，因为天冷，蜜蜂都待在蜂房里。这是黄蜂强盗们等待已久的良机。它们飞到养蜂场里，想偷蜂房里的蜂蜜。可是，没等它们飞到蜂房，就闻到香甜的蜂蜜味，看到养蜂场上摆着好几个装着蜂蜜水的瓶子。这时，黄蜂改变了到蜂房里偷蜂蜜的想法。大概它们觉得从瓶子里偷蜂蜜，比较文明，而且不像从蜂房里偷那么危险。

它们钻进瓶子里试一试，结果就上了当，溺死在蜂蜜水里了。

■发自基特·韦利卡诺夫

仓满粮足月(秋二月)

森林中的大事

准备过冬

天还不算太冷,但是不能疏忽。一转眼的工夫,大地和水就会冰封起来。到时候上哪儿去找吃的?上哪儿去找藏身地?

森林里每一种动物,都在按照各自的方式准备过冬。

该飞走的,早就展开翅膀,飞到别处去躲避寒冷与饥饿了;留下来的,都在忙着往仓库里搬东西,储备冬粮。

短尾野鼠特别起劲地搬运食物。许多野鼠直接在干草垛里或粮食垛下挖个洞过冬,每天夜里往洞里偷运粮食。

每个鼠洞,都有五六条小道,每条小道通往一个洞口。

地底下还有一间卧室和几间仓库。

冬天,野鼠要等到天气最冷的时候才冬眠。所以它们来得及储存大批粮食。有些野鼠洞里,已经收集了四五公斤精选的谷粒。

这些小啮齿动物专门在庄稼地里偷粮食。因此我们得保护庄稼不受它们的损害。

过冬的小植物

树木和多年生的草本植物，已经准备好过冬。一年生的草本植物播下了种子。但并非所有的一年生草类都以种子的形态过冬。有的已经发了芽。很多一年生草类，在翻耕过的菜地里生长起来。在光秃秃的黑土地上，可以看到荠菜的一簇簇锯齿状小叶子，和荨麻相仿的、毛茸茸的紫红色野芝麻小叶子，以及小巧的香母草、三色堇和犁头菜，当然还有可恶的紫缕。

这些小植物都准备在雪下过冬，活到明年秋天。

谁来得及干什么

一棵枝杈伸展得很远、夹杂着红褐色斑点的椴树，在雪地上分外显眼。不是树叶发红，而是坚果上的像小舌头似的小翅膀变红。椴树的大大小小的树枝上，长满了这种翅膀似的小坚果。

不单单椴树如此打扮。瞧，这棵高大的树是白蜡树，树上挂着很多干果。这些细长的果子很像豆荚，一簇簇密密地挂在树上。

但是最美的，还是花楸树。在花楸树上，至今还保留着一串串鲜艳夺目、沉甸甸的果实。可以看到小蘗(niè)上也长着果子。

桃叶卫矛的神奇果实，依旧引人注目，像极了带黄色雄蕊的玫瑰花。

还有一些乔木，没来得及在入冬以前安顿好后代。

白桦树枝上不时可见干枯的菜荑花，菜荑花里藏着翅果。

赤杨的黑色小球果还没有变空。不过，白桦和赤杨都及时地为春天准备好礼物——菜荑花序。春天一到，这些菜荑花序只要伸直身子，张开鳞片，就开花了。

榛子树也有菜荑花序：暗红色的粗菜荑花序，每根树枝上长两对。不过，在榛子树上早已见不到榛子。榛子树把事情办得井井有条：既跟后代告了别，也为来年春天做好了准备。

■发自尼·米·芭芙洛娃

储藏蔬菜

夏天，短耳朵水鼠住在小河边的别墅里。在那里的地下，它建了一间住房。有一条通道从房间里斜着通下去，一直通到水里。

现在，水鼠在远离水面的一个多草墩的草场上，给自己建造了一间温暖舒适的冬季住房。有好几条一百来步长或更长的通道，通到这间房间里来。

卧室建在一个最大的草墩下，里面铺着暖和柔软的干草。

有几条专门的通道，把储藏室和卧室连起来。

在储藏室里，按严格的顺序，分门别类地摆放着五谷、豌豆、蚕豆、葱头和马铃薯等，这些都是水鼠从田里和菜地里偷来和拖来的。

松鼠的干燥室

松鼠在树上有好几个圆巢，它把其中一个当做仓库。里面储存着它从林中收集来的小坚果和球果。

另外，松鼠还采了一些蘑菇：油菇和白桦菇。它把蘑菇插在断松树枝上晒干。到冬天，它将在树枝上闲逛，吃点干蘑菇提提精神。

活体储藏室

姬蜂给幼虫找到一间奇特的储藏室。姬蜂长着一对飞得很快的翅膀，在往上拳曲的触角下，有一双机敏的眼睛。纤细的腰身，把胸部和腹部分成两截。在腹部的末端处，长着一根像针一样细长笔直的刺。

夏天，姬蜂找到一条肥壮的蝴蝶幼虫。它扑上去，骑到幼虫身上，把尖刺戳进幼虫的皮肤里，在幼虫身上戳了一个小洞，在小洞里产了一个卵。

姬蜂飞走了。蝴蝶幼虫很快忘记了惊慌，又吃起树叶来。秋天到了，蝴蝶幼虫结了茧，变成了蛹。

这时，姬蜂的幼虫也在蛹里面从卵里孵出来了。在这坚固的茧里面，它感到安全暖和。而蝴蝶幼虫的蛹，也就成了姬蜂幼虫的美食，够它吃一年的。

夏天再次降临，茧打开了，可是飞出来的不是蝴蝶，而是一只身子细长、黑红黄三色相间的姬蜂。姬蜂是我们的朋友，因为它杀死了幼小的害虫。

自己就是储藏室

有许多野兽，并不造专门的储藏室。它们自己就是储藏室。

只要在秋天的几个月里，大吃大喝，吃得肥头大耳，长出厚厚的脂肪，储藏室就建成了。

要知道，脂肪就是储藏的食物，在皮下积成厚厚的一层。等到野兽没东西可吃的时候，脂肪就像食物透过肠壁一样，渗透到血液里。血液把养料输送到全身。

在整个冬天酣睡的熊、獾和蝙蝠，以及其他大小不等的野兽，都是这样做的。它们把肚子吃得饱饱的，然后呼呼大睡。

脂肪还可以给它们保暖，不让寒气渗透到身体里面去。

贼偷贼

森林里的长耳猫头鹰是多么阴险狡诈和爱偷东西呀！可是竟然有那么一个贼，偷到它身上去了。

长耳猫头鹰长得很像雕鸮，只是个头小一些。嘴巴像个钩子，头上的羽毛戳立着，眼睛又大又圆。不管夜有多黑，它的眼睛看得见一切，耳朵听得见一切。

老鼠刚在枯叶堆里窸窸窣窣一响，长耳猫头鹰已经飞到了。只听"笃"的一声，老鼠被它抓到了半空中。小兔儿从林中空地上跑过，这个夜强盗飞到它的头顶。只听"笃"的一声，兔子已经死在它的利爪下了。

长耳猫头鹰把死老鼠拖回到树洞里。它自己不吃，也不给别人吃，它要留到冬天最饿的时候才吃呢！

它白天待在树洞里，守卫着储藏品，夜里飞出去打猎。它常常跑回到树洞看一看：东西没有少掉吧？

长耳猫头鹰忽然发现，它的储藏品好像变少了。这位主人眼睛很尖，它虽然不会数数，可是会用眼睛估算。

天黑了。长耳猫头鹰肚子饿了，飞出去打猎。它回来时一看，老鼠一只也没有了，只见有只和老鼠一样大的灰色小野兽，在树洞底上蠕动。

它想抓住那只小野兽的脚，可是小野兽早已窜进下面的一条裂缝，从地上逃掉了。它的嘴里还叼着一只小老鼠。

长耳猫头鹰追过去,几乎要追上了,可是后来仔细看了看,谁是小偷,它就害怕了,不再去抢夺小老鼠了。原来这小偷是残暴的小野兽——伶鼬。

伶鼬专以抢劫为生。它个儿虽小,却勇敢灵活,敢于和长耳猫头鹰争胜负。如果长耳猫头鹰被它一口咬住胸部,就别想逃脱。

红胸脯的小鸟

夏天,有一天,我在森林里走,忽然听见茂密的草丛里有东西在跑。起初我打了个哆嗦。后来我开始仔细地查看四周。只见一只小鸟在草丛里迷了路。这只小鸟个头不高,通体灰色,只有胸脯是红色的。我捉住它,把它带回了家。我高兴得蹦蹦跳跳。

在家里,我给它喂了点面包屑。它吃过后,高兴起来。我给它做了个笼子,又给它捉小虫。整个秋天它都住在我家里。

有一次,我出去玩,没关紧鸟笼,我家的猫吞吃了这只小鸟。

我很喜欢这只小鸟,我哭了。可是毫无补救的办法

■发自森林记者奥斯丹宁

捉松鼠

松鼠有一件烦心事,就是夏天要采集好冬粮,留到冬天吃。我亲眼看见一只松鼠,从枞树上摘下一个球果,拖到树洞里去。我在这棵树上画了记号。后来,我们砍倒了这棵树,把松鼠掏了出来,结果发现树洞里有很多球果。我们把松鼠带回家,养在笼子里。一个小男孩把手指头伸进笼子里,松鼠一口就把那个手指头咬穿了。瞧,它有多厉害!我们给它拿来许多枞树球果。它很喜欢吃枞树球果,可是最爱吃的还是榛子和胡桃。

■发自森林记者斯米尔诺夫

我的小鸭

我妈妈把三只鸭蛋放在一只母火鸡身下。

到第四周的时候,有好几只小火鸡和三只小鸭孵了出来。在它们长结实之前,我们一直把它们养在暖和的地方。后来,有一天,我们第一次让母火鸡带着小火鸡到外面去。

在我家附近,有一条水渠。小鸭摇摇晃晃地走进水渠里,马上游起水来。母火鸡跑过来,着急地转来转去,叫道:"喔!喔!"它看见小鸭在水里游得很自如,对它毫不理睬,这才放心地带着小火鸡走了。

小鸭子游了一会,很快就冷得不行,便从水里爬出来,唧唧地叫着,浑身发抖,却无处取暖。

我把它们放在手心里,用手帕盖起来,带进屋子里。它们立刻安静下来了。它们就这样住在我家里。

一大清早,我把三只小鸭从家里放出去,它们马上跳进水里。它们一觉得冷,就立刻往家里跑。因为翅膀还没长齐,它们飞不上台阶,只能一个劲叫唤。有人把它们捉上台阶,它们就朝着我的床跑过来,站在床旁边,伸长脖子,又叫了起来。这时,我正在睡觉。妈妈把它们捉到床上,它们就钻进我的被窝,也睡着了。

临近秋天的时候,它们已经长大;我也被送到城里去上学。我的小鸭子一直想念我,老是叫唤。我听到这个消息后,哭了很多次。

■发自森林记者维拉·米谢耶娃

核桃鸦之谜

在我们森林里,有一种乌鸦,个头比普通的灰色乌鸦小一点,浑身长满花斑。我们管它叫核桃鸦,西伯利亚人叫它星鸦。

核桃鸦收集坚果,藏到树洞里和树根下,作为冬天的存粮。

冬天,核桃鸦从一个地方搬到另一个地方,从一座森林飞到另一座森林,享用着贮存的冬粮。

它们享用的是自己的贮藏物吗?奇妙之处就在这里。每只核桃鸦享用的,都不是它自己贮藏的坚果,而是它们的同类贮藏的。它们飞到一片从未到过的小树林,马上开始寻找别的核桃鸦贮藏的坚果。它们查看所有的树洞,在树洞里找到坚果。

藏在树洞里的当然好找。可是在冬天,核桃鸦为何能找到别的核桃鸦藏在树根下和灌木丛下的坚果?要知道,大地被白雪整个覆盖起来了呀!可是核桃鸦飞到灌木丛边,刨开灌木丛下面的雪,总是能精确地找到别的核桃鸦藏在下面的坚果。附近有几千棵乔木和灌木,它怎么知道就是在这一棵树下藏着坚果呢？它凭什么特征找到的呢？

对此我们还一无所知。

我们得想出一些巧妙的试验，来搞明白究竟是什么指引着核桃鸦，在白茫茫的大雪下面，找到别的核桃鸦的贮藏物。

好可怕……

树叶凋落了，森林变得稀稀疏疏。

一只小雪兔躺在森林里的灌木丛下，身子紧贴着地面，只有两只眼睛不停地朝四处张望。它感到很害怕。周围老是扑簌簌地响……是老鹰在树枝间扑腾翅膀吗？是狐狸的脚爪把落叶踩得沙沙响吗？这只小兔正在换上白色的毛，浑身斑斑点点的。希望能等到下头一场雪！四周亮堂堂的，森林里变得五彩斑斓，大地上到处飘落着黄色、红色和棕色的树叶。

要不就是突然来了个猎人？

跳起来逃跑吗？往哪儿跑呀？枯叶像铁片似的在脚下轰响。就连自个儿也会被自个的脚步声吓疯掉呢！

小雪兔躺在灌木丛下，把身子藏在苔藓里，紧贴着白桦树墩，一动也不敢动地藏着，只有两只眼睛在东张西望。

好可怕呀……

"女妖的扫帚"

现在，树木光秃秃的，可以看见树上那些夏天看不见的东西。瞧，远方有一棵白桦树，上面似乎布满了白嘴鸦的巢。可是走近一看，那根本不是鸟巢，而是一团团向四面八方生长的细黑树枝。人们把它们叫做"女妖的扫帚"。

请回想一下有关女妖或巫婆的童话故事吧！巫婆乘着扫帚在空中一边飞，一边用扫帚扫掉踪迹。女妖骑着笤帚从烟囱里飞出来。无论是巫婆还是女妖，都离不开扫帚。所以她们往不同的树上撒上粉尘，好叫那些树的树枝上，长出像扫帚似的丑陋的细树枝。快乐的讲童话故事的人，就是这么说的。

那么，科学是怎么说的呢？事实上，这一团团树枝是因一种病形成的。这种病又是由一种特殊的扁虱，或者特殊的菌类引起的。榛子树上的扁虱细小轻盈，风可以随意地带着它满森林跑。扁虱落到一根树枝上，钻进芽里住下来。充当生长芽的是一根现成的嫩枝：带着叶胚的茎。扁虱并不去打扰芽，只喝芽的汁液。不过，由于咬伤和分泌物，芽得病了。等到出芽的时候，嫩芽以神奇的速度快速生长，比普通的生长速度快六倍。

病芽发育成短短的嫩枝，嫩枝又立刻生出侧枝。扁虱的后代们爬到侧枝上，使那些侧枝又生出侧枝。就这样，不断地长出新的侧枝。于是在原来只有一个芽的地方，长出一团怪模怪样的"女妖的扫帚"。

当菌(寄生菌的孢子)进入到芽里，并且在里面生长发育的时候，也产生同样的情况。

白桦、赤杨、山毛榉、千金榆、槭树、松树、枞树、冷杉和其他各科乔木、灌木上，都可能长出"女妖的扫帚"。

候鸟飞往越冬地(续完)

没那么简单！

这似乎很简单：既然长着翅膀，那么想飞哪儿就飞哪儿！这里天冷了，吃不饱肚子了，那就展开翅膀，往南飞一段，飞到暖和点的地方去。要是那里的天气也冷起来了，那就再飞远一点。只要飞到气候适宜、食物丰富的地方，就可以留下来过冬。

实际情况并非如此！不知道为什么，我们这里的朱雀一直飞到印度去；西伯利亚的游隼虽然途经印度和几十个适于过冬的炎热国家，却一直飞到澳大利亚去。

也就是说，并非由于饥饿与寒冷这样一个简单的原因，还有鸟类的一种不知从何而来的、比较复杂的、无法摆脱与克制的感觉，才促使候鸟飞越高山和大海，飞到遥远的远方去。然而……

众所周知,在远古时代,我国大部分地区曾经屡次遭受冰川袭击。沉重的、死一般沉寂的冰川以排山倒海之势,慢慢地淹没了我国的大片平原,之后又慢慢地退却了(整个过程持续了几百年);后来又流过来了,一路上淹埋了所有的生物。

鸟类靠翅膀保住了性命。第一批飞走的鸟,占据了冰河边的地区;下一批飞得远一些;再下一批飞得更远一些,好比玩跳背游戏一种参加者轮流从前面弯腰站立者的身上跳过去的游戏。等到冰川退却的时候,被冰川赶离家乡的鸟儿,又急匆匆地飞回故乡。只是这一回,跳背游戏的顺序倒过来了:飞得不远的,最先回来;飞得远一些的,稍后回来;飞得最远的,最后回来。这种跳背游戏玩得慢极了,几千年才跳完一次! 在这漫长的时间段里,鸟类很可能养成了一种习惯:秋天,当天气将冷的时候,飞离筑巢地;春天,跟着太阳一起飞回来。这样一种习惯,真所谓"渗透在血与肉中",被长期保留下来。所以,候鸟每年从北往南飞。这一设想也得到了下列事实的佐证:凡是在地球上没有出现过冰川的地方,也就没有大批的候鸟。

其他原因

但是,秋天,鸟类不仅往南飞,往温暖的地方飞,而且也往别的地方飞,甚至往北飞,往最冷的地方飞。

有些鸟离开我们,只是因为大地被深雪覆盖,水冻成了坚硬的冰,它们没有东西可吃。只要大地上一出现化冻的迹象,白嘴鸦、椋鸟和百灵鸟就立刻飞回来了! 只要江河湖泊上一出现冰雪消融,鸥鸟和野鸭也立刻飞回来了!

绒鸭绝对不能留在干达拉克沙禁猎区过冬,因为冬天白海将被厚厚的冰层覆盖。它们不得不飞往北方,因为那里有墨西哥湾暖流经过,那里的海水整个冬天不结冰。

假如在冬天,从莫斯科往南走,那么很快地,刚到乌克兰,就能看到白嘴鸦、百灵鸟和椋鸟。这些鸟只不过飞到比定居鸟稍远一些的地方过冬。山雀、灰雀和黄雀被认为是本地的定居鸟。要知道,许多定居鸟并不总待在一个地方,它们也会搬迁。只有城里的麻雀、慈鸟和鸽子,以及森

林中、田野里的野鸡，一年到头住在同一个地方。其余的鸟，有的飞到近一些的地方，有的飞到远一些的地方。那怎么来判断哪一种鸟是真正的候鸟，哪一种鸟只不过是在搬家而已？

现在来谈谈朱雀吧！很难把这种红色的金丝雀、还有黄雀说成是定居鸟。朱雀飞到印度，黄雀飞到非洲去过冬。它们成为候鸟的原因，似乎跟大多数候鸟不一样，并非由于冰河的侵袭和退却，而是另有他故。

请看看雌朱雀，它长得很像一只普通的麻雀，但是头部和胸部鲜红鲜红的，令人惊叹。黄雀更令人惊异：它浑身上下都是纯金色的，两只翅膀黑黑的。你不由自主地会想："这些鸟的服装是多么明艳华丽啊……它们是我们北方的异乡鸟吗？它们是来自遥远的热带国度的小客人吗？"

有道理。非常有道理！黄雀是典型的非洲鸟，朱雀是印度鸟。也许事情的经过是这样的：这些鸟类发生了数量过剩现象，因此年轻的鸟不得不为自己寻找新的居住地养育后代。于是，它们开始往鸟类不太多的北方迁移。夏天，在北方并不冷。即使刚出生的光溜溜的雏鸟，都不会得感冒。等到天气冷起来，没有东西吃了，就飞回去，飞回故乡去。在故乡，这时雏鸟也孵出来了，大家和和美美地住在一起。它们是不会赶走同类的！到了春天，再飞到北方去。就这样，过了几千几万年：飞去又飞回，飞去又飞回。

于是就养成了迁移的习惯：黄雀往北飞，经过地中海飞往欧洲；朱雀从印度往北飞，飞越阿尔泰山脉和西伯利亚，然后往西飞，穿过乌拉尔一直往前飞。

还有一种说法，认为迁移习惯的形成，是由于某些种鸟类逐渐占领了新的筑巢地。比如朱雀，简直可以说，最近几十年来，我们亲眼看着这种鸟越来越往西迁移，一直迁移到了波罗的海岸边。但冬天还是依旧飞回到印度的故乡。

这些关于迁移习惯产生的假设，解答了我们的一些疑问。不过，关于迁移的问题里面，还存在着许多不解之谜。

揭穿了好几个谜，但秘密依旧是秘密

我们关于候鸟迁移的起因的假设，也许是正确的，但是如何解答下列问题呢？

1.候鸟如何认识几千公里长的迁移线路？

以前，人们认为，在每一队秋季迁移的鸟群里，至少有一只年长的鸟，带领着全体年轻的鸟，沿着它所牢记的线路，从筑巢地飞往过冬地。现在却精确地证实了：在今年夏天刚从我们这里孵出的鸟群里，可能没有一只年长的鸟。有些鸟，年轻的鸟比年长的鸟先飞走；有些鸟，年长的鸟比年轻的鸟先飞走。不过，不管怎样，年轻的鸟都能在规定的日期毫不出错地抵达越冬地。

这可真是奇怪至极。鸟的脑袋瓜只有一丁点大。就算年长的鸟的脑子能记住几千几百公里长的行程，可是雏鸟才出生两三个月，还没见过世面，它怎么能独立地认识这条线路呢？这真叫人百思不得其解！

就以泽列诺高尔斯克花园里的那只小布谷鸟为例吧！它如何能找到布谷鸟在南非的越冬地？所有的老布谷鸟，都几乎比它早飞走一个月。没有鸟给小布谷鸟指路。布谷鸟是一种单飞的鸟，从不成群结队；甚至在迁移的时候，也是单独飞行。况且小布谷鸟是红胸鸲养大的，而红胸鸲则飞到高加索过冬。那么，小布谷鸟是如何飞到南非，飞到北方的布谷鸟世世代代过冬的地方去的呢？而且飞去以后，又如何回到红胸鸲把它从蛋里孵出来、养育大的鸟巢里来呢？

2.年轻的鸟怎么会知道，它们应该飞到哪里过冬？

亲爱的《森林报》读者们，你们得好好地思考一下鸟类的这一秘密。也许，这个秘密还得留给你们的下一代去研究呢！

为了解决这个问题，首先必须放弃像"本能"这类难懂的词语。必须进行千千万万个巧妙的试验，彻底弄明白：鸟类的大脑和人类的大脑的区别在哪里？

给风打分数

分数风的名称：秒速和时速。这风能干些什么事？疾风秒速 =13.9～17.1 米

时速 =50～61 千米，逆风行走费劲，有轻度的大浪，浪峰上的水沫被

吹得四下里飞溅。8 大风秒速 =17.2～20.7 米

时速 =62～74 千米，刮断小树枝，逆风行走困难。有中度的大浪，渔船进港避风。9 烈风秒速 =20.7～24.4 米

时速 =75～88 千米，对建筑物可造成小损伤，屋顶的瓦片可能被吹掉。10 狂风秒速 =24.5～28.4 米

时速 =89～102 千米，破坏性很大。11 暴风(和信鸽的速度一样)12 飓风秒速 =36.7～36.9 米(和隼鹰的速度一样)破坏性极大。我们很幸运，在我们国家，暴风和飓风是极难得有的——隔好多年才有一次。

集体农庄纪事

拖拉机停止了轰鸣。在集体农庄里，亚麻的分拣工作即将结束，最后几辆载着亚麻的货车，正向车站驶去。

现在，集体农庄庄员们在考虑新收成的问题。专业选种站为全国的集体农庄培育了黑麦和小麦的优良新品种，庄员们就是在考虑这件事。田里的农活少了，家里的活就增多了。集体农庄庄员们现在非常关注家畜。

集体农庄的牛羊，被赶进了畜栏，马也被赶进了马厩。

田野变空了。一群群灰色的山鹑，走到靠近人的居住点。它们在谷仓周围过夜，有时甚至还飞到村庄里来。

打山鹑的季节过去了。有枪的庄员们现在开始打野兔了。

集体农庄新闻

昨天

胜利集体农庄养鸡场的电灯打亮了。现在白天短了，所以集体农庄

庄员们决定每晚用灯光照亮养鸡场,让鸡有更多的时间散步和进食。

鸡欣喜若狂。灯一亮,它们马上在炉灶灰里扑腾跳跃。一只最活泼好斗的公鸡,斜歪着脑袋用左眼瞧瞧电灯,说:

"咯!咯!噢,如果你挂得再低一些的话,我一定用嘴狠狠啄你一口!"

■发自尼·米·芭芙洛娃

又美味,又有营养

干草粉是所有饲料中最优秀的调味品。干草粉由最高档的干草制成。

吃奶的小猪,如果你们想快快长大,请吃干草粉吧!下蛋的母鸡,如果你们想天天下蛋,"咯咯哒!咯咯哒"地炫耀新下的蛋,请吃干草粉吧!

新生活集体农庄的报道

园林队在忙着修整苹果树。必须把它们收拾干净,穿上新衣服。除了灰绿色的胸饰——苔藓以外,它们什么也没穿。集体农庄庄员们从苹果树上摘下了胸饰,因为里面藏着害虫。庄员们在树干和接近地面的树枝上涂上石灰,以免苹果树再生虫,也免得被太阳灼伤和寒气侵袭。现在苹果树穿上了白衣裳,显得非常漂亮。难怪园林队长开玩笑道:

"我们有意识地在节日前夕把苹果树打扮得漂漂亮亮。我还要带上这些美人儿去参加节日游行呢!"

适合百岁老人采的蘑菇

有位百岁的老奶奶阿库丽娜,住在黎明集体农庄。我们《森林报》的记者去采访她的时候,她出门了。不一会儿,老奶奶带着满满一口袋蜜环菌回来了。她说:

"我已经找不到那些单独生长的蘑菇了,它们躲起来了。我的眼睛老花啦!可是我采回来的这种蘑菇,只要见到一个,就能采到上百个。它们还有一种往树墩上爬的习惯,好让自己更引人注目。我很喜欢这种蘑菇。它叫做蜜环菌。这种蘑菇最适合老奶奶采!"

冬前播种

在劳动者集体农庄,蔬菜队正在菜地里播种莴苣、葱、胡萝卜和香芹菜。种子撒在冰凉的泥土里，如果相信队长的孙女儿的话，那么应该认为，种子对此十分不满。小姑娘说，她听见种子在大声发牢骚：

"不管你们种不种，反正天这么冷，我们是不会发芽的！要是你们乐意，你们自个发芽去吧！"

不过，正是因为秋天种子已经不发芽了，蔬菜队队员们才这么晚播下它们。

可是，一到春天，它们将会很早发芽，很快成熟。能早一点收获莴苣、葱、胡萝卜和香芹菜，真是件令人愉快的事。

集体农庄的植树周

在俄罗斯苏维埃联邦的各州各区，都开始了植树周。苗圃里准备好了大量的树苗。在俄罗斯联邦的各集体农庄里，将开辟面积达好几千公顷的新果园和浆果园。集体农庄庄员们和职工们，将在农庄的附属地块上，栽种几百万棵苹果树、梨树和其他果树。

■发自列宁格勒塔斯社

冬季客至月(秋三月)

森林中的大事

不可理解的行为

今天,我刨开雪,检查了我的一年生草本植物。这是一些只能活过一个春天、一个夏天和一个秋天的草。

可是,今年秋天我发现,它们并没有全部死掉。即使现在已经十二月份了,可许多草还泛着绿色。雀稗还活着。这是乡村里长在房前屋后的一种小草。它的小茎纵横交错地铺在地上(人们常常毫不怜惜地用它来擦脚),长着长长的小叶子,开着不太明显的粉红色小花。

低矮灼人的荨麻也活着。夏天,人们无法容忍它:当你给田垄除草的时候,手会被它灼出水泡来。可是现在,在十二月份,你看见它也会觉得很高兴。

蓝堇也活着。你还记得蓝堇吗?这是一种美丽的小植物,小叶子稍稍分开,细长的小花呈粉红色,花尖呈暗色。你会常常在菜地里看见它。

这些一年生的草本植物,都还活着。可是,我知道,一到春天,它们就都枯萎了。那么它们现在何必艰难地在雪下活着呢？该如何解释这种行为呢？我不知道，还得去打听打听。

■发自尼·米·芭芙洛娃

森林里从来都不是一片死寂的

冰冷的寒风在森林里作威作福。光秃秃的白桦树、白杨树和赤杨树摇摇晃晃，吱吱作响。最后一批候鸟急匆匆地飞离故乡。

在我们这里度夏的鸟还没有完全飞走，冬客就已经临门了。

鸟儿各有各的爱好和习惯：有的飞到高加索、外高加索、意大利、埃及和印度去过冬；有的鸟儿宁愿留在列宁格勒州过冬。冬天，在我们这里，它们住得暖和、吃得饱。

飞花

赤杨的黑色树枝孤零零地兀立在那里。树枝上没有一片树叶，大地上没有一棵青草。倦怠的太阳勉强从灰色的乌云后露出点脸。

可是，突然，在阳光的照耀下，许多快乐的五彩缤纷的花儿在黑色的赤杨枝上飞舞起来。花儿奇大无比：有白色的，有红色的，有绿色的，有金黄色的。有的落在赤杨树枝上，有的落在桦树枝上，鸟身上鲜艳夺目的斑点把白色的桦树皮映衬得五光十色；有的落在地上，有的在空中扇动着艳丽的翅膀。

它们用一种双管芦笛似的声音互相呼应着，从地面飞向树枝，从一棵树飞向另一棵树，从一片小树林飞进另一片小树林。它们是谁？从哪儿来？

从北方飞来的鸟

这是我们冬天的客人，是从遥远的北方飞来的小鸣禽。其中有红胸脯红脑袋的朱顶雀；有烟灰色的凤头太平鸟，翅膀上长着五道像五个小手指头似的红羽毛；有深红色的松雀；有绿色的雌交嘴鸟和红色的雄交嘴鸟；还有金绿色的黄雀，黄羽毛的小金翅雀，肥嘟嘟、胸部丰满鲜红的灰雀。我们本地的黄雀、金翅雀和灰雀，早就飞到较暖的南方去了。上面讲到的这些鸟，都是在北方筑巢的鸟。北方现在寒冷刺骨，所以它们觉得我们这儿还挺暖和的。

黄雀和朱顶雀吃赤杨子和白桦子，太平鸟和灰雀吃花楸果和其他浆果,交嘴鸟吃松子和枞树子。它们的肚子都填得饱饱的。

从东方飞来的鸟

低矮的柳树上,突然开出了茂盛的白玫瑰花。这些白玫瑰在灌木丛间飞舞,在树枝上盘旋,有力的黑色细脚爪飞速移动。花瓣似的小白翅膀,在空中颤动。空中回荡着轻柔悦耳的啁啾声。

这是山雀,白山雀。

它们不是来自北方,而是来自东方,从风雪交加的严寒的西伯利亚,穿越乌拉尔高山,飞到我们这儿来。那里早已是冬天,深雪早已把低矮的河柳埋起来了。

该冬眠了

大片的乌云挡住了太阳。空中落下了湿漉漉的灰色雪花。

一只肥硕的獾子,气哼哼地、一瘸一拐地朝洞口走去。它很不满意:森林里既潮湿又泥泞。该钻到地底深处,钻到干燥、整洁的沙土洞里去了。该躺下来冬眠了。

羽毛蓬松的林中小乌鸦——北噪鸦在树丛里打起了架。湿漉漉的咖啡色羽毛闪着光。它们大声聒噪着。

一只老乌鸦在树顶低沉地"哇哇"叫了一声。原来它看见远处有一具动物的尸体。它飞了过去,蓝黑色的翅膀闪着漆亮的光。

林中沉寂无声。灰色的雪花沉甸甸地飘洒在发黑的树木和褐色的大地上。地上的落叶渐渐腐烂。

雪越下越大,变成了鹅毛大雪。大雪覆盖了黑色的树枝,也覆盖了大地……

我们列宁格勒州的伏尔霍夫河、斯维尔河和涅瓦河受到严寒的侵袭,相继封冻了。最后,芬兰湾也结冰了。

最后的飞行

(选自少年自然科学家日记)

十一月的最后几天,风把雪刮成一堆堆的。突然,天气变暖和了。可是,雪依旧没有融化。

清晨,我在散步时看见,黑色的小蚊子在雪地上到处飞舞,在灌木丛里或者树木间的大路上随处可见。它们虚弱无助地飞着，从下面升起来，好像被风推着飞了一个弧形(虽然不见一丝风)，然后侧着身子落在雪地上。

午后，雪开始融化，渐渐从树上往下掉。你一抬头，雪水就会滴进你的眼睛，或者湿冷的雪尘会洒在你的脸上。这时，不计其数的黑色小蝇子不知从哪儿飞了出来。夏天我从未见过这种小蚊子和小蝇子。小蝇子无比快乐地飞舞着，只是飞得很低，紧挨着雪地。

到傍晚，天气又变冷了，小蝇子和小蚊子不知躲到哪里去了。

■发自森林记者维利卡

貂追松鼠

许多松鼠迁移到我们这儿的森林里来了。

在它们居住的北方，松果不够吃了。那里的收成不好。

松鼠四散在松树上。它们用后爪抓住树枝，用前爪捧着松果啃。

一只松鼠捧着的松果，从脚爪滑落到雪地上了。松鼠很可惜这只松果，气呼呼地叫着，从一根树枝蹦到另一根树枝，跳到下面去了。

它在地上蹿着蹦着，蹦着蹿着，后脚一撑，前腿一托，向前跳去。

它看见，一团黑乎乎的毛皮和一双机敏的小眼睛从枯枝堆里露出来……松鼠吓得把松果都忘了。它慌忙往眼前的树上蹿，顺着树干往上爬。一只貂从枯枝里跳出来，跟在后面追了上来，也飞快地顺着树干往上爬。松鼠已经爬到了树梢上。

貂沿着树枝爬上来。松鼠一跳，跳到了另一棵树上。

貂把蛇一般细长的身子缩成一团，背脊弓成弧形，也纵身一跳。松鼠顺着树干飞跑。貂紧跟在后面，也顺着树干飞跑。松鼠的动作很灵敏，可是貂的动作更灵敏。

松鼠跑到树顶，没办法再往上跑了，周围也没有别的树。

貂眼看要追上它了……

松鼠从一根树枝跳上另一根树枝，然后向下一蹦。貂紧追不舍。

松鼠在树梢上跳，貂在粗一些的树干上追。松鼠跳呀跳，跳呀跳，跳到了最后一根树枝上。

下面是地,上面是貂。

没有选择的余地了:它一下蹦到地上,赶紧朝另一棵树跑。

不过,在地上,松鼠根本不是貂的对手。貂三蹦两跳就追上了松鼠,把它扑倒在地。于是松鼠就一命呜呼了⋯⋯

不速之客:隐身鸟

又有一个夜强盗闯进了我们的森林。很难看见它,因为夜里漆黑一片,白天又不能把它跟雪区分开。它是北极区域的居民,因此它的皮毛跟北方经年不化的白雪一个颜色。我说的是北极的雪地猫头鹰。

它的个头,几乎跟普通猫头鹰一般高,只是力气稍差一些。它捕食大小不一的飞鸟、老鼠、松鼠和兔子。

在它的故乡冻原带,天寒地冻,小野兽几乎全躲到兽洞里去了,鸟儿也都飞走了。

饥饿迫使雪地猫头鹰出来旅行,暂居在我们这儿。它打算明年春天再回家。

啄木鸟的劳动车间

在我们的菜园子后面,长着许多老白杨树和老白桦树,还有一棵很老很老的枞树。枞树上挂着几个球果。一只五彩啄木鸟,飞来采这些球果。啄木鸟落在树枝上,用长嘴啄下一个球果,顺着树干往上跳。它把球果塞进树缝里,开始用嘴啄。它把球果里的籽都啄出来后,就把球果往地上一扔,接着采第二个球果。它把第二个球果照旧塞进那条树缝里,把第三个球果也照旧塞进那条树缝里,就这样一直忙碌到天黑。

■发自森林记者勒·库波列尔

请教熊

为了躲避刺骨的寒风,熊喜欢把冬季住房熊窝设在地势低的地方,甚至设在沼泽地上,设在茂密的小枞树林里。但是,令人惊讶的是:如果这年冬天不冷,经常有冰雪消融的天气,那所有的熊一定会睡在地势高的地方:小丘上,小山冈上。好几代猎人查验过这件事。

道理显而易见:熊害怕冰雪消融的天气。的确,假如冬天有一股融化的雪水流到熊的肚皮底下,天气又忽然变冷,冰水就会把熊毛蓬蓬的皮

外套冻成铁板,那可怎么办呢? 那就顾不上睡觉了,只得跳起来满森林里乱窜,哪怕稍微暖和点也好!

假如不睡觉,而是不停地活动,就会把身上贮存的热量消耗殆尽,也就是说,必须靠吃东西来增强体力。但是冬天,熊在森林里没有东西可吃。因此,如果它预见到这年冬天暖和,它就给自己选个高一些的地方筑窝,免得在冰雪消融的天气里,被融化的雪水浸湿。我们很容易明白这个道理。

可是,熊究竟根据什么样的特异功能预知,这年冬天是暖和还是寒冷呢? 为什么早在秋天,它就能准确无误地为自己在沼泽地上,或者丘冈上,选择一个合适的地方筑窝呢? 我们还不知道这一点。

请你钻到熊洞里去,请教一下熊吧!

集体农庄纪事

我们集体农庄庄员们,今年活儿干得真棒。我们州的许多集体农庄,每公顷收获一千五百公斤粮食,已经成了稀松平常的事。每公顷收获两千公斤粮食,也不是稀奇事了。一些优秀生产队的粮食产量惊人,这些先进工作者们有权获得"社会主义劳动英雄"的光荣称号。

政府很尊重光荣的田间劳动者们的忘我劳动,用"社会主义劳动英雄"的光荣称号,用各种勋章和奖章来表彰集体农庄庄员们取得的成就。

冬天来了。

集体农庄农田里的活都干完了。

妇女们在牛栏里劳动,男人们运送牲畜吃的饲料。家有猎狗的人出去打灰鼠。另外有许多人去砍伐木材。

灰山鹑群越来越靠近农家小院了。

孩子们上学去了。白天,他们布下捕鸟网,在小山上滑雪,或者滑小雪橇。晚上预习功课、看书。

我们比它们有智慧

下了一场鹅毛大雪。我们发现,老鼠在雪下面挖了一条地道,一直通到苗圃的小树前。可是,我们比它们有智慧:我们把每棵小树四周的雪,踩得结结实实。这样,老鼠就不能钻到小树跟前来了。那些钻到雪外面的老鼠,不一会儿就冻死了。

害人精小兔也常常跑到果园里来。我们也想出了保护果园的办法:我们用稻草和多刺的枞树枝把所有的小树包裹起来。

■发自吉玛·布罗多夫

集体农庄新闻

挂在细蛛丝上的房子

可以在这种小房子里过冬吗?小房子挂在细蛛丝上,风一吹,直摇晃。虽然房子墙的厚度比不过一张纸,房间里却没有取暖设备。

请设想一下,在这种小房子里是可以过冬的!我们看见过不少这种设备简陋的小房子。它们低垂在苹果树枝的蜘蛛网上,用枯树叶做成。集体农庄庄员们把它们取下来烧毁。原来在小房子里住着一些心怀鬼胎的坏蛋:苹果粉蝶的幼虫。要是它们留下来过冬,到了春天,准会咬坏苹果树的芽和花。

森林里有坏蛋,森林里也有救星。

昨天夜里,光明之路集体农庄发生了一桩盗窃未遂案。将近半夜的时候,一只大兔子钻进了果园。它企图啃食小苹果树的皮,可是那些苹果树干,像枞树干一样多刺。这个兔贼尝试了很多次,可是都失败了,只好离开光明之路集体农庄的果园,消失在附近的森林里。

集体农庄庄员们预料到会有林中强盗来侵犯果园,所以砍下许多枞树枝,预先把苹果树干包裹起来。

黑棕色的狐狸

一个养兽场建造在市郊的红旗集体农庄里。昨天，一批黑棕色的狐狸运到了。人们纷纷跑出来欢迎这批集体农庄的新居民。连刚会走路的学龄前儿童，也都过来了。

狐狸用怀疑的眼光，胆怯地打量着欢迎的人群。只有一只狐狸，忽然从容不迫地打了个哈欠。

"妈妈！"一个白头巾上戴着一顶便帽的小孩子叫道："千万别把这只狐狸围在脖子上。它会咬人啊！"

■发自尼·米·芭芙洛娃

在温室里

在劳动者集体农庄，大伙正在挑选小葱和小芹菜根。

生产队队长的孙女问道：

"爷爷！这是在给牲口准备饲料吗？"

生产队长笑了起来：

"不是的，孙女儿，你没猜中。我们现在要把这些小葱和芹菜种在温室里。"

"种在温室里干什么？让它们长高、长大吗？"

"不是的，孙女儿。想让它们经常提供绿色蔬菜给我们吃。让我们在冬天也能往马铃薯上撒葱花，在汤里能吃到绿油油的芹菜。"

不需要盖厚被子

上个礼拜天，一个外号叫米克的九年级学生，来到曙光集体农庄。在马林果树旁，他遇见了生产队长费多谢其。

"老爷爷！您这里的马林果不会冻坏吧？"米克问，仿佛是个大行家似的。

"不会。"费多谢其回答，"它可以在雪底下安全过冬。""在雪底下过冬？老爷爷，您没有发疯吧？"米克接着说，"要知道，马林果树长得比我还高。难道您估计会下这么深的雪？"

"我估计会下普通的雪。"老爷爷回答，"大学问家，请你告诉我，你冬天盖的被子的厚度比你的身高厚还是薄？"

"这跟我的身高有关系吗？"米克笑了起来，"我是躺着盖被子的。老爷爷,您清楚吗？我是躺着盖被子的！"

"我的马林果树也是躺着盖雪被的。只不过,大学问家,你是自己躺到床上,而马林果树是由我这个老爷爷把它们弯到地上。我让一棵棵马林果树稍稍弯下腰,把它们绑起来,这样它们就躺在地上了。"

"老爷爷,您比我想象中的要聪明。"米克说。

"可惜,你没有我想象中的聪明,只不过平平而已。"费多谢其回答。

助手

现在,在集体农庄的谷仓里,每天可以碰到孩子们。他们有的帮助挑选预备用于春播的种子;有的在菜窖里干活,精选最好的马铃薯留作种子。

男孩子们也在马厩和铁工厂里帮忙。

许多孩子经常在牛棚、猪圈、养兔场和家禽棚里,担任助手。

我们既在学校里上学,也有工夫在家里帮忙干农活。

■发自大队委员会主席尼古拉·利华诺夫

冬

小道初白月(冬一月)

冬天的书

大地上均匀地铺着一层白雪。现在田野和林中空地,像一本巨型书的光滑整洁的书面。任何人在上面走过,都会留下这样一行字:某某到此一游。

白天下了一场雪。雪停了,这页书重新变得干干净净。

要是早晨你来看一看,会看见洁白的书面上,印满了各种各样神秘难解的符号、线条、圆点和逗点。这么说,夜里有各种各样的林中居民来过这里,它们在这里来回走动,蹦蹦跳跳,做了些事情。

谁来过这里? 它们做了些什么?

必须赶快弄懂这些难解的符号,读完这些神秘的句子。要不然,再下一场雪,仿佛有谁把书翻了一页似的,在你眼前又将是一张干净、平整的白纸。

各有各的读法

在这本冬天的书上,每一位林中居民都签了字,留下了各自的笔迹和符号。人们学习用肉眼来分辨这些符号。不用眼睛读,还能用什么读呢?

可是动物却想出了用鼻子读。比如，狗用鼻子闻闻冬书上的字，就会读到"狼来过这里"，或者"刚才一只兔子从这儿跑过"。

走兽的鼻子非常有文化，它绝不会读错的。

谁用什么写字

大多数走兽用脚写字。有的用五个脚指头写，有的用四个脚指头写，有的用蹄子写，也有用尾巴、鼻子和肚皮写的。

飞禽也用脚和尾巴写字，它们还用翅膀写字。

楷体和花体

我们的记者学会了读这本讲述林中大事的冬书。他们费了不少劲才掌握了这门学问。原来并非全部的林中居民都用楷书签字，有的喜欢耍点小花招。

很容易辨认并牢记灰鼠的笔迹。它在雪地上蹦蹦跳跳，仿佛在玩跳背游戏似的。它跳的时候，短短的前脚支着地，长长的后腿又得很开，向前伸出老远。前脚印小小的，并排印着两个圆点。后脚印长长的，分得很开，仿佛两只小手，伸着纤细的手指。

老鼠的字虽然小，可是简单易认。它从雪底下爬出来的时候，经常先绕个圈子，然后再朝着目的地一直跑去，或者退回到鼠洞里。这样一来，就在雪地上留下一长串冒号：冒号与冒号之间的距离一样长。

飞禽的笔迹也很容易辨认。比如说，喜鹊的三只前脚指头在雪地上留下小十字，后面的第四个脚指头，留下一个短短的破折号。小十字的两侧，印着仿佛手指头似的、翅膀上羽毛的痕迹。它那梯形长尾巴，必定会在雪上的某些地方留下痕迹。

这些签字都没有耍花招。很容易看出来：这是一只灰鼠从树上爬下来，在雪地上蹦跳了一阵，又上树了；这是一只老鼠从雪底下跳出来，跑了一阵，转了几个圈，又钻回雪底了；这是一只喜鹊落了下来。在冻得硬邦邦的积雪上跳了一会，尾巴在积雪上抹了一下，翅膀在积雪上扫了一下，然后飞走了。

不过，请你试着认认看狐狸和狼的笔迹。你要是没看惯，准会被搞得如坠五里云雾。

小狗和狐狸，大狗和狼

狐狸的脚印很像小狗的脚印。区别只在于，狐狸把脚爪缩成一团。几只脚指头紧紧并在一起。

狗的脚指头张开着，因此它的脚印浅一些，松软些。

狼的脚印很像大狗的脚印。区别也仅仅在于：狼的脚掌两侧往里缩，所以狼的脚印比狗的脚印更长、更匀称；狼脚爪和狼脚掌在雪上印得更深。狼的前爪印和后爪印之间的距离，比狗爪之间的距离更大。狼的前爪印，在雪地上通常汇合成一个印子。狗脚指头上的小肉疙瘩并拢在一起，狼的却不是这样。

特别难读懂狼脚印，因为狼喜欢耍诡计，故意搞乱脚印。狐狸也一样。

狼的诡计

当狼走路或者小跑的时候，它总是把右后脚整齐地踩在左前脚的脚印里，把左后脚整齐地踩在右前脚的脚印里。所以，它的脚印呈一条像绳子一样笔直的直线。

你看了这样一行脚印，会想到："有一只结实的狼从这里走过了。"

那就错了。应该这样理解才对："有五只狼从这里走过去了。"走在最前面的是一只聪明的母狼，后面跟着一只公狼，再后面跟着三只小狼。

它们一步步仔细地踩着母狼的脚印走，你绝对不会想到这是五只狼的脚印。一定得认真训练自己的眼睛，才能成为一个善于根据雪径追踪兽迹的好猎人(猎人们把雪地上的兽迹称作雪径)。

冬天的树木

树木会冻死吗？当然会。

如果一棵树冻透了，冻到了心脏，那就必死无疑了。在特别寒冷、少雪的冬季，就会冻死不少树木，其中大多数是小树。如果树木不想点妙计保暖，让寒气侵袭到身体内部，那么所有的树木就会冻死。

摄取养分、生长发育和孕育后代都需要消耗大量的力和能，要耗费大量的热。树木在夏天里积聚起充分的能量，到冬天就停止摄取营养，停止生长，停止消耗能量繁殖后代。它们变得无所事事，陷入深沉的睡眠。

树叶散发大量的热,所以,冬天树木叫树叶滚蛋! 树木抛弃树叶,放弃树叶,就是为了把维持生命必不可少的热保存在体内。何况,从树枝上掉落的树叶,在地上腐烂了,也会散发热量,保护娇嫩的树根不受冻。

不仅如此! 每一棵树都有一副铠甲,保护植物的活机体不受严寒的侵袭。每年夏天,树木都在树干和树枝皮下,储存多孔隙的软木组织:无生命的夹层填料。软木不透水,也不透气。空气滞留在软木的气孔中,不让树木活机体中的热量向外散发。树越老,软木层就越厚,因此老树、粗树比小树、细树更容易熬过寒冬。

树木不仅有软木铠甲。如果酷寒竟然穿透了这层铠甲,那么在植物的活机体中,它将遇到可靠的化学防线。冬季来临之前,在树液里积蓄起各种盐类和可以转化为糖的淀粉。盐类和糖的溶液的抗寒能力都很强。

不过,松软的雪被才是树木最好的防寒设备。众所周知,体贴入微的园丁们有意把畏寒的小果树弯到地上,用雪把它们埋起来。这样,小果树就暖和多了。在白雪皑皑的冬天,大雪像床鸭绒被,把森林覆盖起来;那时,不管天多么冷,树木也不害怕了。

无论严寒如何肆虐,它也冻不死北方的森林!

我们的"森林王子"顶得住暴风雪的进攻。

雪下牧场

周围白茫茫的一片,雪积得很深。你想到,大地上只有积雪,花儿早已凋谢,草儿也已枯萎,你感到极其郁闷。

人们通常都这么认为,而且还自我安慰道:"唉,得了吧! 大自然就是这么安排的! "

我们对大自然还了解得太少!

今天天晴了,也很暖和。我就利用这个机会,蹬上滑雪板,滑到小牧场,把小试验场里的积雪清除干净。

积雪清除完了。这时,阳光照亮了正月的花草。它照亮了匍匐在冰冻的地面上的小绿叶,照亮了从枯草根下钻出来的新鲜的小尖叶,也照亮了被积雪压倒在地的各种小绿草茎。

在这些植物当中,我找到了我种的毛茛。它在冬季之前就开花了,这会儿在雪底下保存着所有的花朵和花蕾,等待着春天的到来。连花瓣都没有掉落！

你们知道在我这小小的试验场上有多少种植物吗？一共有 62 种。现在其中有 36 种透着绿色，有 5 种开着花。

你还说一月份我们牧场上既没有草，也没有花呢！

■发自尼·米·芭芙洛娃

森林中的大事

以下几件林中大事，都是我们的森林记者根据雪径读懂的。

可怕的脚印

我们的森林记者，在树下发现一串爪印很长的脚印，看了简直叫人害怕。脚印本身倒不大，跟狐狸脚印差不多，可是爪印像钉子似的又直又长。要是用这样的脚爪抓一下肚皮，肯定会把肚肠揪出来。

记者小心谨慎地沿着脚印走。他们来到一个很大的洞前，洞口的雪地上散落着细毛。他们仔细查看了一番。细毛笔直坚硬，不易折断；毛的颜色是白的，毛尖是黑色的。人们通常用它来做毛笔。

他们立刻明白了：住在洞里的是獾。獾是个忧郁的家伙，但并不十分可怕。显然，它趁着暖和的化雪天，出来逛逛。

雪下的鸟群

兔子在沼泽地上蹦蹦跳跳。它从一个草墩，跳到另一个草墩，从这个草墩，又跳到另一个草墩，忽然扑通一声摔了下来，掉在雪里，雪没到它的耳朵边。

兔子觉得脚下有个活的东西在动。就在这一瞬间，从附近的雪底下，飞起了一大群白鹧鸪，翅膀扑得震天响。兔子吓得魂飞魄散，慌忙跑回了森林。

原来有一群白鹧鸪住在沼泽地的雪底下。白天，它们飞出来，在沼泽地上走来走去，挖雪里的蔓越橘吃。它们吃了一阵，又返回到雪底下。

在那里，它们既暖和，又安全。谁能发现躲藏在雪下的它们呢？

雪爆炸了，鹿得救了

我们的记者，好久也猜不透雪地上的一些脚印子，它们仿佛记载着一个谜一般的故事。

一开始是些步态安稳的细小狭窄的兽蹄印。这不难读懂：有一只母鹿在林子里走过，它丝毫没感到不幸正在等待着它。

突然，在蹄印旁，出现了许多大脚爪印，于是母鹿的脚印开始跳跃。

这也很好懂：一只狼从密林里看见了母鹿，朝它横扑过来。母鹿飞快地从狼身旁逃走。

接着，狼脚印离母鹿脚印越来越近，狼眼看就要追上母鹿了。

在一棵倒地的大树旁，两种脚印完全混在了一块。看来，母鹿刚刚来得及跳过大树干，狼紧跟着蹿了过去。

树干的那一边，有个深坑，坑里的积雪，都给击碎了，撒在四处。仿佛有个巨型炸弹在雪下爆炸了似的。

在这之后，母鹿的脚印朝一个方向，狼的脚印朝另一个方向，这当中还夹着不知从哪儿冒出来的巨大的脚印，很像人的脚印（光着脚的脚印），只是带着可怕的、弯弯的爪印。

究竟一颗什么样的炸弹埋在雪里？这可怕的新脚印是谁的？为什么狼朝一个方向跑，母鹿朝另一个方向跑？这期间究竟发生了什么？

我们的记者，久久地冥思苦想着这些问题。

后来，他们终于搞明白，这些巨大的爪印是谁的。这样一来，一切就都清楚了。

母鹿凭着它的飞毛腿，毫不费力地跳过了倒在地上的树干，向前飞奔。狼紧跟着也跳了起来，但是没有跳过去。它的身子太重了，扑通一声，从树干上掉进了雪里，四条腿一齐陷入了熊洞里。原来熊洞正好在树干底下。

熊从睡梦中被惊醒，惊慌失措地蹦了起来，于是冰雪和树枝一起往四下里乱飞，仿佛炸弹炸过一样。熊飞快地向树林里逃窜，也许它以为有猎人向它进攻了。

狼倒栽进雪里，看见这么个胖家伙，不禁忘了母鹿，只顾自己逃命。

而母鹿早已逃得不见踪影。

雪海深处

初冬时节，雪下得还不多，这时，田野和森林里的野兽日子最难过。地面光秃秃的，冻土越来越厚。地洞里变冷了。连鼹鼠都在遭罪，极其费劲地用它那铁锹似的脚爪，挖掘硬得像石头的冻土。老鼠、田鼠、伶鼬和白鼬又该怎么办呢？

终于下大雪了。不停地下呀，下呀，积雪也不再融化。一片干燥的雪海覆盖住整个大地。人站在雪海里，雪没到膝盖。榛鸡、黑琴鸡甚至松鸡，都把头钻进了雪里。老鼠、田鼠、鼩鼱以及其他所有不冬眠的穴居小野兽都从地下住所钻了出来，在雪海底跑来跑去。凶猛的伶鼬，不知疲倦地在雪海里钻来钻去，好像一只小不点海豹。有时，它跳出雪海待一两分钟，看看有没有榛鸡从雪底探出头来，之后又钻回雪海底。它就这样，悄无声息地从雪下钻到鸟跟前。

雪海底比雪海面暖和得多。凛冽的寒风，冬天的死亡气息，都吹不到那里。厚厚的干水层不让严寒接近地面。许多穴居的老鼠，把自己的冬巢直接筑在雪下的地上，仿佛到冬季别墅里避寒似的。

竟然还有这种事！有一对短尾巴田鼠，用草和毛在地上做了个小巢，就搭在一棵盖着雪的灌木枝上。从巢里冒出轻微的热气。

几只刚出生的小不点田鼠，就住在这厚雪覆盖下的暖和小巢里。它们身上光溜溜的没长毛，眼睛也还闭着呢！那时严寒正肆虐，达零下200℃呢！

冬天的中午

一月份一个阳光灿烂的中午，白雪掩盖着的树林里，一片寂静。熊主人正在秘密洞穴里睡觉。在熊的头顶，是被雪压得垂下来的乔木与灌木。在这些树木之间，隐约可见许多奇特的小住房的拱形圆顶、空中走廊、庭阶和窗户，以及稀奇古怪的带尖顶房盖的塔形小屋。这一切都在闪闪发光，无数小雪花，像金刚钻似的闪烁着。

一只小巧玲珑的小鸟，好像从地下钻出来似的，突然跳了出来。它长着锥子般的尖嘴巴，尾巴向上撅着。小鸟展翅飞到枞树顶，啼啭声响彻

整个树林!

这时,一只绿色的浑浊的眼睛,突然出现在雪房子下地洞的小窗口前……难道春天提前降临了?

这是熊的眼睛。熊总是在它进洞睡觉的那一面,留一扇小窗:天知道树林里会发生什么事!还好,在金刚钻般的房子里,一切平安……于是,眼睛从窗口消失了。

小鸟在冰雪覆盖的树枝上,乱蹦了一阵,又钻回雪帽子底下的树桩里去了:那里,它有一个用柔软的苔藓和绒毛做的温暖的冬巢。

集体农庄纪事

树木在严寒中沉睡。树干里的血液(树液)冻得凝住了。锯子的声音在树林里不知疲倦地响着。人们整个冬天都在采伐木材。冬天采伐的木材是最珍贵的:干燥结实。

为了让木材在春天时随着河水漂浮出去,人们把锯下来的木材搬运到大大小小的河流边,同时修建冰道:宽阔的冰上之路。他们往积雪上浇水,就像浇溜冰场似的。

集体农庄庄员们在准备春播。他们在选种和查看庄稼苗。田野里的灰山鹑群,现在都住在打谷场附近,它们常常飞到村子里来。它们很难在厚厚的积雪下找食物吃。即使扒开了积雪,要用细瘦的脚爪刨开厚厚的冰壳层,更是难上加难的事。

冬天很容易捕捉山鹑,但这是犯罪,因为法律禁止冬天捕捉软弱无助的山鹑。

聪明而体贴的猎人,冬天还不时喂喂山鹑,给它们在田野里开办食堂:用枞树枝搭起小棚子,在棚底下撒上燕麦和大麦。

这样一来,即使在最酷寒的冬季,美丽的山鹑也不会饿死。第二年夏天,每一对山鹑又孵出二十只或二十只以上小山鹑。

集体农庄新闻

耕雪机

昨天,我到启明星集体农庄,去看望我的一位中学同学:拖拉机手米沙。

米沙的妻子给我开了门,她特别爱开玩笑。

"米沙还没回来,"她说,"在耕地呢!"

我想:"她又在跟我开玩笑。这玩笑开得也太蠢了点吧:在耕地呢!也许连托儿所里刚会爬的孩子都知道,冬天不耕地。"

于是我也打趣地问道:

"是在耕雪吧?"

"不耕雪,还耕什么呀?当然在耕雪。"米沙的妻子回答。

我去找米沙。这是多么的令人惊讶,我是在田里找到他的。他开着拖拉机,拖拉机后面挂着一只长木箱。木箱把雪归拢到一起,堆成一堵结实的高墙。

"米沙,为什么这么做?"我问。

"这是用来挡风的雪墙。要是不堆这么一堵墙,风就会在田里乱跑,把雪都刮走了。要是没有雪,秋播谷物就会冻死,必须把田里的雪留住。所以,我在用耕雪机耕雪。"

■发自尼·米·芭芙洛娃

冬季作息时间表

集体农庄的牲畜,现在根据冬季作息时间表生活:按照规定时间睡觉、吃饭和散步。四岁的集体农庄女庄员马莎是这么解释给我听的:

"我和我的小朋友们,现在都上幼儿园了。也许牛和马也上幼儿园了。我们去散步的时候,它们也去散步;我们回家的时候,它们也回家。"

绿腰带

一排排匀称的枞树沿着铁路线，绵延数公里长。这条绿腰带保护着铁路不受风雪侵袭。每年春天，铁路职工都要种数千棵小树，延长这条绿腰带。今年种了十万多棵枞树、洋槐和白杨，以及将近三千棵果树。铁路职工还在苗圃里培育各种树苗。

城市新闻

赤脚在雪地上爬

在出太阳的日子里，温度表的水银柱上升到了 0℃。这时，在花园里、林荫道上和公园里，许多没有翅膀的小苍蝇从雪下面爬了出来。

它们在雪上爬了整整一天。晚上，它们又藏到了冰缝和雪缝里。

它们住在僻静暖和的角落里，藏在落叶或苔藓下。

在它们爬过之后，雪上并没有留下痕迹。这些小虫子身子非常小、非常轻，只有用倍数很大的放大镜，才可以看清楚它们：突出的长嘴巴，奇怪的犄角和纤细的光脚。

国外消息

从国外给《森林报》编辑部寄来了有关候鸟生活详情的报道。

我们著名的歌手夜鹰在非洲中部过冬，百灵鸟住在埃及，椋鸟分别到法国南部、意大利和英国旅行。

它们在那儿不唱歌，只是忙着张罗吃的。它们没有做巢，也没有养育后代；它们只是在等待春天的到来，等待飞回故乡的日子。因为常言道："在家千日好，出门万事难"。

百鸟聚会在埃及

埃及是鸟儿冬季的乐园。雄伟开阔的尼罗河上支流无数，河滩上布满淤泥；河水泛滥所到之处，形成了肥沃的牧场和农田。湖泊和沼泽遍布，既有咸水湖，也有淡水湖；暖和的地中海沿岸弯弯曲曲，形成众多港湾：这些地方，到处都有丰盛的食物，可以招待千千万万的鸟儿。夏天，这里已是鸟儿遍布；到了冬天，我们的候鸟也飞过来了。

百鸟聚会，盛况空前。似乎全世界的鸟都飞聚到这里来了。

水禽密密匝匝地栖息在湖上和尼罗河支流上，远远望去，连水都看不见了。嘴巴下长着个大肉袋的鹈鹕，跟我们的小灰鸭和小水鸭一起抓鱼。我们的鹬在漂亮的长脚红鹤之间来回踱步；只要看见五彩的非洲乌雕或者我们的白尾金雕，它们就向四处逃散。

要是湖面上响起枪声，一群群各色各样的鸟儿立刻密密匝匝地飞起来，发出震耳欲聋的喧嚣声，如同一齐擂响了千面鼓。顿时，一大片黑影笼罩在湖面上空，因为飞起来的鸟群挡住了太阳。

我们的候鸟就这样生活在冬天的住所里。

国家禁猎区

在我们辽阔的国土上，也有一处鸟的乐园，一点不比非洲的埃及差。我们的许多水禽和沼泽地里的鸟，都飞到那里过冬。像在埃及一样，在那里冬天你可以看见一群群的红鹤和鹈鹕，其中混杂着众多的野鸭、大雁、鹬、鸥和猛禽。

我们说冬天。可是那儿恰恰没有冬天，没有像我们这样的积雪、严寒和大风雪的冬天。在温暖的、布满淤泥的浅海湾里，在芦苇丛生、灌木茂密的沿岸，在风平浪静的草原湖泊上，一年四季各种各样的鸟食应有尽有。

这些地区都是禁猎区，禁止猎人捕杀这些辛苦了一夏飞来歇息的候鸟。

这就是我国的塔雷斯基政府禁猎区，位于里海东南岸的阿塞拜疆共和国境内，在林柯拉尼亚附近。

惊动南部非洲

在南部非洲发生了一件引起轰动的大事。在一群从天空飞落的白鹳中，人们发现其中一只脚上套着白色的金属环。

人们捕捉了这只戴环的白鹳，读懂了金属环上刻的字：莫斯科鸟类学研究委员会，A 组第 195 号。

在报上刊登了这则消息，因此我们得知，前段时间我们记者抓住的那只白鹳在哪里过冬。

科学家利用给鸟戴脚环的方法，了解到关于鸟类生活的众多惊人的秘密：例如它们的越冬地、移飞线路等等。

为此，世界各国的鸟类学研究委员会都用铝制作了大小不等的环，在环上刻上了放环机构的名称，还刻上组号(按环的大小分组)和号码。如果有谁抓住或打死这种带环的鸟，应该按照环上刻着的机构名称，通知相关科研单位，或者在报上刊登自己的发现。

忍饥挨饿月（冬二月）

森林中的大事

树林里冰冷刺骨

凛冽的寒风在空旷的田野里游荡，在光秃秃的白桦树和白杨树间飞驰。冷风渗入紧密的羽毛，钻入浓密的皮毛，把血都冻得凝住了。

它们既不能蹲在地上，也不能栖在树枝上，白雪皑皑，脚爪都冻僵了！必须跑着、跳着、飞着，想方设法取暖。

谁要是有暖和舒适的洞穴或鸟巢，有储满粮食的仓库，谁的日子就好过些。它可以吃得饱一点，蜷缩成一团，美美地睡上一觉。

填饱肚皮不怕冷

对于飞禽走兽来说，最重要的是填饱肚皮。吃饱后身体内部会发热，使血变得热起来，一股暖流传遍全身血管。皮下脂肪，是暖和的毛皮大衣或羽绒大衣最理想的里子。即使寒气能穿透毛皮，钻入羽毛，也绝对穿不过皮下脂肪。

如果食物充足，冬天就不可怕。可是，冬天上哪儿去找食物呢？

狼和狐狸在树林里走来走去,林子里空荡荡的,飞禽走兽有的躲起来了,有的飞走了。白天,乌鸦飞来了;晚上,雕鸮飞来了,它们在搜寻猎物,可是,找不到猎物啊!

在林子里肚子饿啊,饿极啦!

一个跟着一个

乌鸦最先发现一具马的尸体。

"呱!呱!"一大群乌鸦飞了过来,准备开始吃晚饭。

这时已将近傍晚,天渐渐变黑,月亮出来了。

忽然,从树林里传来叹气声:

"呜咕……呜,呜,呜……"

乌鸦飞走了。一只雕鸮从林子里飞出来,落在马尸上。

它用嘴啄着肉,耳朵抖动着,白眼皮眨巴着,刚想美美地饱餐一顿,忽然雪地上响起沙沙的脚步声。

雕鸮飞上了树,狐狸来到尸体前。

只听得"咯吱咯吱"一阵牙齿响。它还没来得及吃饱,狼来了。

狐狸逃进了灌木丛,狼扑到尸体上。它浑身兽毛直立,牙齿像把刀子似的剔下一块块马肉,满意得直哼哼,连周围的声音都听不见了。过了一会儿,它抬起头,把牙齿咬得咯咯响,似乎在说:"别过来!"接着,又独自吃起来。

突然一声雷鸣般的怒吼在它头顶炸响,狼吓得一屁股坐在地上,赶紧夹起大尾巴,一溜烟跑了。

原来是森林的主人——熊驾到了。

这下子,谁也不敢走近了。

黑夜将尽时,熊吃完了饭,睡觉去了。而狼夹着尾巴,一直恭候着呢。

熊刚走,狼就扑到了马尸上。

狼吃饱了,狐狸来了。

狐狸吃饱了,雕鸮飞来了。

雕鸮吃饱了,乌鸦们又聚拢来了。

这时,天边露出了鱼肚白,这一顿免费大餐早已被吃得差不多了,只剩下一点碎骨头。

芽在哪里过冬

现在,所有的植物都处于停滞状态。可是它们都为迎接春天、开始发芽做好了准备。

这些芽在哪里过冬呢?

树木的芽,在远离地面的高空过冬。草的芽各有各的过冬方法。

例如林繁缕的芽,在枯黄茎叶的怀抱里过冬。它的芽绿绿的,还活着;而叶子却早在秋天就枯黄了,整棵草仿佛死了一般。

可是,触须菊、卷耳、石蚕草以及许多其他低矮的草,不仅在雪底下保全了芽,而且还把自己保护得完整无损,准备浑身绿油油地迎接春天。

这么说来,虽然离地不高,这些小草的芽,都是在地上过冬的。

其他草的芽的越冬地就不一样了。

去年生长的艾蒿、牵牛花、草藤、金梅草和立金花,这会儿在地上已不见踪影,只剩下半腐烂的叶和茎。

假如想寻找它们的芽,可以在紧挨地面的地方找到草莓、蒲公英、苜蓿、酸模和蓍(shī)草的芽,也在地面过冬,不过,它们被绿叶簇包裹着。这些草也将绿油油地从雪底下钻出来。其他许多草把芽保存在地底下过冬。鹅掌草、铃兰、舞鹤草、柳穿鱼、狭叶柳叶菜和款冬的芽,在根状茎上过冬;野大蒜和野葱的芽,在鳞茎上过冬;紫堇的芽在小块茎上过冬。

陆上植物的芽,就在上述地方过冬。而水生植物的芽,则在池底或湖底的淤泥里过冬。

■发自尼·米·芭芙洛娃

小木屋里的荏(rěn)雀

在忍饥挨饿月里,各种林中野兽和飞鸟,都会往人住的地方靠近。在这里比较容易搞到食物,靠一些废弃物生活。

饥饿战胜了恐惧。这些小心翼翼的林中居民,不再害怕人类。

黑琴鸡和灰山鹑潜入打谷场和谷仓。灰兔跑到菜园里来;白鼬和伶鼬钻进地窖捉老鼠。雪兔跑到村旁的干草垛里啃干草。一只荏雀竟然从敞开的门里,飞进了我们《森林报》记者住的小木屋。它的羽毛是黄色的,脸颊白白的,胸脯上长着黑条纹。它对人毫不理会,只顾动作麻利地啄食餐桌上的食物碎屑。

主人关上门,于是苕雀被俘了。

它在小木屋里住了整整一个礼拜。虽然没人惊扰它,但是也没人喂它,它却一天天地明显胖了起来。它整天在屋里打食吃。它搜寻蟋蟀,搜寻藏在木板缝里的苍蝇,捡拾食物碎屑;晚上就钻进俄式火炕后面的细缝里睡大觉。

几天后,它抓完了所有的苍蝇和蟑螂,就开始啄起面包来。它把所能看见的一切东西,如书、小盒子和木塞子等,都啄坏了。

这时,主人只好打开房门,把这位小不速之客赶了出去。

我们如何打猎

一大清早,我和爸爸一起去打猎。清晨寒气逼人。雪地上有很多脚印,可是爸爸说:"这是新脚印。兔子就在不远处。"

爸爸让我沿着脚印走,他自己则守候在原地。兔子如果被人从躲藏处赶出来,总是先转个圈子,然后沿着自己的脚印往回跑。

我顺着脚印走。脚印很多,但是我坚持往前走。很快,我就把兔子赶出来了。它躲在柳树丛下面。兔子惊慌失措地转了个圈子,然后顺着自己原先的脚印跑去。我迫不及待地等待枪响。一分钟过去了,又一分钟过去了。突然,在万籁俱寂中传来一声枪响。

我朝枪响的地方跑去,很快看见了爸爸,在离他大约十米的地方躺着一只兔子。我捡起兔子。我们带着猎物回家了。

■发自森林记者维克多

野鼠从森林里出动啦

这会儿,许多林中野鼠的粮仓已经缺粮了。为了躲避白鼬、伶鼬、鸡貂和其他肉食动物,许多野鼠从洞穴里逃了出来。

白雪覆盖着大地和森林。没有东西可吃。饥饿的野鼠大军从森林里出动啦!人们的谷仓处于极度危险中,得时刻警惕着。

伶鼬跟着野鼠走。但是,它们的数量太少了,捉不完、消灭不掉全部野鼠。

得保护好粮食,别让啮齿动物洗劫一空!

终于定居下来了

深秋时分,熊在一座小枞树密集的小山坡上,选好了造熊洞的地方。它用脚爪抓下细长的枞树皮,运到山上的一个坑里,又从坑上面扔下柔软的苔藓。接着它把坑周围的一些小枞树啃倒,让小枞树像个窝棚似的盖住坑。然后它自己钻进去,安心地睡着了。

可是,一个月还不到,猎狗就找到了熊洞。熊好不容易才从猎人手下逃脱。它只好直接睡在雪地上。但是,即使在这里,也被猎人找到了,它又是在最后一刻才逃脱,保住性命。

它第三次藏起来。这回,谁也想不到,该去哪里找它。

到春天时人们才发现,它在高高的树上睡了个安稳觉。这棵树的上半部分树枝,不知什么时候被暴风吹折过,倒着生长,形成一个类似于坑的东西。夏天,鹰把干树枝和柔软的枯叶拖到这里来。孵完雏鸟后,鹰飞走了。冬天,这只在自己的洞里饱受惊吓的熊,竟然爬到这个空中的"坑"里来了。

城市新闻

免费食堂

鸣禽们在遭受着饥饿和寒冷的折磨。

心地善良的城里人,在花园里,或者直接在自家的窗台上,给它们开办了免费小食堂。有的人把小块面包和肥肉用线拴起来,挂在窗外。有的人把装着谷粒和面包屑的小筐子放在院子里。

苍雀、白颊鸟和青山雀,有时候还有黄雀、红雀,以及其他许多冬天的小客人,成群结队地光顾这些免费食堂。

学校里的森林角

无论你到哪所学校,都可以看见生物角。各种各样的动物,住在生物角的箱子、罐子和笼子里。这都是孩子们夏天外出旅游时抓来的。现在，孩子们忙得不亦乐乎：必须让所有的住户吃饱喝足，必须按各自的喜好给客人安排住所，还必须看管好每位房客，防止它们逃跑。生物角里住着鸟、兽、蛇、青蛙和昆虫。

在一所学校里，孩子们给我们看他们夏天写的日记。看来，他们收集动物的目的性很明确，不是随便闹着玩的。

6 月 7 日，日记本上写道："我们贴出一幅宣传画，希望大家把收集到的动物，都上交给值日生。"

6 月 10 日，值日生写道：

"杜拉斯带来一只啄木鸟。米拉诺夫带来一只甲虫。加夫里洛夫带来一条蚯蚓。雅柯夫列夫带来一只瓢虫和一只荨麻上的小甲虫。包尔晓夫带来一只小篱雀。"等等。

日记本上几乎每天都记载着这样的内容。

"6 月 25 日，我们到池塘边玩。我们抓到许多蜻蜓的幼虫和其他小虫子。我们还抓到一只我们急需的蝾螈。"

有的孩子甚至还详细描述了他们抓到的动物：

"我们收集了许多水蝎子、松藻虫和青蛙。青蛙有四条腿，每只脚上长着四只脚指头。青蛙的眼睛乌黑，鼻子像两个小洞。青蛙的耳朵很大。青蛙给人们带来很大的益处。"

冬天，小学生们还凑钱在商店里买了一些不在我们州里生长的动物：乌龟、金鱼、天竺鼠和羽毛艳丽的鸟。你一走进那间房间，就听见房客的尖叫声、啼啭声和哼唧声；房客有的长得毛茸茸的，有的生得光溜溜的，有的长着羽毛。像个名副其实的动物园。

孩子们还想出彼此交换房客的办法。夏天，一所学校的学生抓到很多鲫鱼；另一所学校的学生养殖了许多兔子，多得放不下。于是，两所学校的孩子进行交换：四条鲫鱼换一只兔子。

这些都是低年级学生参加的活动。

年龄稍大点的孩子，建立了自己的组织。几乎每所学校都组建了少年自然科学家小组。

在列宁格勒的少年宫里，也有一个少年自然科学家小组。各学校都选派最优秀的少年自然科学家参加小组的活动。在那里,少年动物学家和少年植物学家们,学习怎样观察和捕捉动物,怎样照料从野外抓来的动物,怎样制作动物标本,怎样采集、烘干植物并制作成标本。

少年自然科学家们非常关注风、雨、朝露和酷暑,关注田野、草地、江河、湖泊和森林的生活,关注集体农庄庄员们所干的农活。他们在研究我国既巨大无比、又丰富多彩的生活资源。

在我国,未来的科学家、研究人员、猎人、自然改造者正在成长起来。他们是前所未有的崭新的一代。

树的同龄人

我今年十二岁。在我市的大街上,长着一些槭树,我和它们同岁:少年自然科学家们在我出生的那天栽下了这些树。

你们瞧:槭树已经长得比我高一倍了!

■发自谢辽沙

祝你一钓一个准

真稀奇!冬天竟然还有人钓鱼!

冬天钓鱼的人可多啦!要知道,并非所有的鱼都像鲫鱼、冬穴鱼和鲤鱼那么懒。许多鱼,都只在最冷的时候才冬眠;山鲶鱼整个冬天都不冬眠,甚至还产鱼子,在一月、二月份产卵。法国有句民间俗语:冬眠冬眠,不吃也饱。那些不冬眠的,就必须吃饭。

用带着钓钩的鱼形金属片钓冰底下的鲈鱼,是最简便、也是收获最大的钓鱼法。寻找鲈鱼冬天的居住地是件相当困难的事。在陌生的江河湖泊上钓鱼,只好根据某些共同的特征来判断。大约确定方位后,先在冰上凿几个小洞,试试鱼咬不咬钩。具体特征如下。

如果河流是蜿蜒曲折的,那么在陡峭的河岸下,可能会有个比较深的坑。天冷时,鲈鱼会成群结队地游到这里来。如果有清澈的林中小溪

流入江河湖泊，那么在比湖口或河口稍微低些的地方，应该会有个深坑。芦苇只生长在浅水处；在江河湖泊里，从芦苇丛外开始出现凹下去的地方。必须在凹下去的深坑里寻找鱼儿过冬的地方。

钓鱼人用铁杆在冰上凿一个二十至二十五厘米宽的小洞，把拴在细线或棕丝上的带着钓钩的鱼形金属片，放到冰窟窿里。先直接放到水底，探探水有多深。然后开始用急促的动作，一上一下地拉动钓钩线，但不要再把钓钩线垂到水底。鱼形金属片在水里漂浮着，闪着亮光，很像一条活鱼。鲈鱼生怕小鱼从身边溜走，猛扑上去，把金属片连同钓钩一起吞进肚子里。假如没有鱼咬钩，钓鱼人就换到其他地方，开凿新的冰窟窿。

一般用冰下捕鱼具来捕捉"夜游神"山鲶鱼。冰下捕鱼具指的是一面短短的立网，也就是在一根绳子上系上三至五根线绳(或棕绳)，每根线绳之间的间距为七十厘米。用小鱼、小块的鱼肉或者蚯蚓，作为钓钩上的饵食。在绳子的另一头拴个重物，一直垂到水底。水流便把带着饵食的钓钩，一个接一个地冲到冰下面。绳子的上端拴在一根棍子上。把棍子横放在冰窟窿上，一直放到第二天早晨。

钓山鲶鱼的好处在于，用不着像钓鲈鱼那样，在河上等很久，冻得受不了。只要第二天早晨再来一趟，把棍子提起来一看，绳子上已经挂着一条长长的、黏糊糊的大鱼了。这条鱼像老虎一样，长着花条纹，身子两侧扁扁的，下巴上长根胡须。这就是山鲶鱼。

熬待春归月(冬三月)

熬得过吗

森林年的最后一个月到了。这是最困难的一个月:苦熬残冬月。

林中居民仓库里的存粮,都快吃完了。飞禽走兽们都饿瘦了:已经没有了皮下暖和的脂肪层。长期半饥不饱的生活,大大削减了它们的体力。

这时,狂风暴雪又仿佛故意刁难似的,在树林里乱窜,寒流越来越厉害。冬爷爷只能再寻欢作乐一个月了,因此它释放出最严酷的寒气。这会儿,一切飞禽走兽只能再坚持一下,积聚起最后的力量,苦熬到春暖花开时。

我们的森林记者走遍了整个森林。他们很担心:飞禽走兽能熬到天气转暖吗?

他们看见在森林里发生了许多悲惨的事。有些林中居民经受不住饥饿与寒冷的煎熬,默默死去。其余的还能再坚持一个月吗?的确,有些飞禽走兽,你根本不用替它们担心:它们是不会送命的。

严寒的牺牲品

严寒,再加上北风劲吹,那才叫可怕呢!在这样的天气之后,每次你都可以在雪地上,找到冻死的飞禽走兽和昆虫的尸体。

风把积雪从树桩下、从断树下扫了出来。许多小野兽、甲虫、蜘蛛、蜗牛和蚯蚓恰恰躲藏在那里面。

风掀走了盖在它们身上的温暖的雪被,它们也就冻死在冷风里了。

鸟在飞行途中被暴风雪击倒了。乌鸦的耐受力超强,可是在长久的暴风骤雪之后,也常常在雪地上发现它们的尸体。

暴风雪过后,森林卫生员马上开始工作,猛禽和猛兽在森林里四处寻找:把在风雪中冻毙的尸体,收拾得干干净净。

光溜溜的冰

有时,在冰雪融化之后,突然一下子变得刺骨的寒冷,把融化的雪立刻冻成了冰。积雪上的冰层,坚硬结实,又滑溜溜的。鸟兽柔弱的脚爪刨不开它,尖嘴也啄不破它。鹿蹄能够踏穿它,但是踢破的冰层的边缘锋利得像把刀,割破鹿脚上的毛、皮和肉。

鸟儿如何才能吃到冰层下的食物:小草和谷粒呢?

谁要是没有能力啄破玻璃似的冰层,谁就得挨饿。

也会发生这样的事。

冰雪消融的天气,地上的雪变得湿润蓬松。傍晚,一群灰山鹑飞落在雪上,它们毫不费力地在雪地上刨了几个小洞,在热气腾腾的暖洞里睡着了。

可是,半夜里,寒流突袭。

山鹑睡在暖和的地下洞穴里,没有醒,它们没感到冷。

第二天早晨,山鹑睡醒了。雪底下挺暖和,只是呼吸困难。

得到外面去:去呼吸点新鲜空气,活动活动翅膀,找点吃的。

它们打算起飞,可是头顶上竟顶着一层结实的冰,像玻璃罩似的。

整个大地变成了光滑的溜冰场。冰层上面什么也没有,冰层底下是柔软的雪。

灰山鹑把小脑袋使劲地向冰壳撞,撞得头破血流,只要能钻出这个冰罩子就好!

谁要是最终能冲出这个死牢笼,即使它还得饿肚子,也算是幸运的。

玻璃似的青蛙

我们的森林记者,敲掉池塘里的冰,掘开冰底下的淤泥。只见许多青蛙躺在淤泥里,它们挤成一堆,是钻进来过冬的。

把它们从淤泥里拖出来的时候,它们完全像是用玻璃做的。青蛙的身体变得非常脆。只要轻轻一敲,纤细的小腿立刻就断了。

我们的森林记者带了几只青蛙回家。他们小心翼翼地把冻僵的青蛙放在暖和的屋子里,让它们全身暖和过来。青蛙慢慢地苏醒了,开始在地板上蹦蹦跳跳。

由此可以期待,等到春天,太阳把池塘里的冰晒化,把水晒暖,青蛙就会苏醒过来,变得活蹦乱跳。

瞌睡虫

在托斯那河沿岸,离十月铁路的萨勃林诺车站不远,有一个大砂洞。以前,人们在那里挖取沙子,可是现在,已经有很多年没有人进到那个洞里了。

我们的森林记者进入那个洞,发现洞顶上挂着许多蝙蝠:兔蝠和山蝠。它们在那里已经睡了五个月了,头朝下,脚爪紧紧攀住粗糙不平的砂洞顶。兔蝠把大耳朵藏在折起的翅膀下,用翅膀把身体包裹起来,像披着风衣似的,就那样倒挂着,进入了梦乡。

蝙蝠睡得那么久,我们的森林记者都担心起来了,所以他们给蝙蝠测了脉搏、量了体温。

夏天,蝙蝠的体温跟我们人一样,大约37℃,脉搏每分钟跳200次。现在,蝙蝠的脉搏每分钟只跳50次,体温只有5℃。

尽管如此,这些小瞌睡虫的健康状况,倒没有什么令人担忧的。

它们还可以从容不迫地再睡上一个月,甚至两个月,等温暖的日子一到,它们就会非常健康地苏醒过来。

穿着薄薄的衣裳

今天,我在一个秘密角落里,找到一株款冬。它正开着花,一点也不怕寒冷。细茎上好像还穿着薄薄的衣裳:鳞状的小叶蛛丝般的茸毛。这会儿,人们穿着大衣还嫌冷,可是它就穿这么点。

你肯定不相信我的话:周围都是雪,哪里来的款冬呢?

我不是说过了嘛:在"秘密角落里"找到了它!告诉你吧,它长在什么地方：长在一座大楼的南面，而且是在暖气管子通过的地方。在"秘密角落"里，雪随时融化，因此土是黑颜色的，跟春天时一样，冒着热气。

可是，空气是冰冷刺骨的啊！

■ 发自尼·米·芭芙洛娃

从冰窟窿里探出来一张脸

一个渔夫在涅瓦河口芬兰湾的冰上走着。当他经过一个冰窟窿的时候，看到从冰底下探出个光溜溜的脑袋来，还稀稀拉拉地长着几根硬胡须。

渔夫以为这是溺水的人从冰窟窿里浮起的脑袋。可是，这个脑袋突然朝他转了过来，渔夫这才看清楚，这是张长着胡须的野兽的脸，皮肤绷得紧紧的，脸上布满闪闪发亮的短毛。

这双亮晶晶的眼睛，有一瞬间直愣愣地盯着渔夫的脸。接着，只听见"哗啦"一声，兽脸就钻进冰底不见了。

渔夫这才恍然大悟，原来看到的是海豹。

海豹在冰底下抓鱼。为了透口气，它把脑袋探出水面一小会儿。

冬天，海豹不时从冰窟窿里爬到冰面上来，所以渔夫们经常在芬兰湾上猎到海豹。

有时甚至还发生这样的事：一些海豹追鱼，一直追进了涅瓦河。在拉多牙湖里海豹应有尽有，那里简直是个名副其实的海豹渔猎场。

解除武装

林中大力士公麋鹿和小个子公鹿，都把犄角脱落了。

公麋鹿主动扔下头上的沉重武器：它们在密林里，把犄角一个劲地往树干上蹭，直到蹭下来为止。

有两只狼，看见这么一个解除了武装的大力士，决定向它进攻。它们觉得，很容易获胜。

一只狼从前面扑向麋鹿，另一只狼从后面进攻。

出乎意料，战斗迅速结束了。麋鹿用两只结实的前蹄，踢碎了一只狼的脑壳，然后立即转过身，把另一只狼踢倒在地。这只狼遍体鳞伤，好不容易才从敌人身边逃脱。

最近几天，老公麋鹿和老公鹿已经长出了新犄角。这是还没有长硬的肉瘤，外面罩着一层皮，皮上是柔软的绒毛。

冷水浴的爱好者

在波罗的海铁路的迦特钦站附近，在一条小河的冰窟窿旁，我们的森林记者发现了一只黑肚皮的小鸟。

那天天气冷得出奇。虽然天上挂着明晃晃的太阳，可是那天早晨，我们的森林记者还是不得不好几次用雪来擦他那冻得发白的鼻子。

因此，当他听到黑肚皮小鸟快乐地在冰上歌唱时，感到很奇怪。

他走上前去，只见小鸟跳了起来，然后扑通一声掉进了冰窟窿里。

"投河自尽啦！"森林记者心想，他急忙跑到冰窟窿旁，想救起那只精神错乱的小鸟。

谁知小鸟正在水里用翅膀划水呢，就像游泳选手用胳膊划水似的。

小鸟的黑脊背在透明的水里闪着光，活像一条小银鱼。

小鸟潜入河底，用尖锐的脚爪抓着沙子，在河底上跑了起来。它在一个地方停留了一小会，用嘴把一块小石子翻了过来，从石子下捉出一只乌黑的水甲虫。

不一会儿，它已经从另外一个冰窟窿里钻出来，跳到了冰面上。

它抖了抖身上的水，若无其事地又唱起快乐的歌来。

我们的森林记者，把手伸进冰窟窿里，心想："大概这里是温泉，小河里的水热乎乎的吧？"

可是，他立马把手从冰窟窿里缩了回来：冰冷的河水刺得他的手火辣辣地疼。

这时他方才明白：他面前的这只小鸟，是一种水雀，名唤河乌。

这种鸟，跟交嘴鸟一样，也不用服从自然法则。它的羽毛上蒙着一层薄薄的脂肪油。当它潜入水中的时候，那油腻的羽毛就会起泡泡，闪着银色的光。河乌仿佛穿了一件空气做的衣服，所以，即使在冰水里，它也不觉得冷。

在我们列宁格勒州，河乌是稀客，只有在冬天里，它们才登门拜访。

在冰屋顶下

让我们来关注一下鱼儿吧。

整个冬天，鱼儿都睡在河底的深坑里，头上是结实的冰屋顶。有时，大多是在冬季即将结束的二月份，在池塘和林中湖泊里，它们会感到空气缺乏。于是，气喘吁吁的鱼儿游到冰屋顶下，痉挛地张开圆嘴，用嘴唇捕捉冰上的小气泡。

鱼儿也可能全部憋死。如果那样的话，到了春天，冰雪消融后，你带着钓竿到这样的水池边钓鱼，就无鱼可钓了。

因此，请记住鱼儿吧。在池塘和湖面上，凿几个冰窟窿。还要注意别让冰窟窿再冻上，好让鱼儿有空气可呼吸。

雪底下的生命

整个漫长的冬季，你望着被冰雪覆盖的大地，会情不自禁地思索：在这下面，在这片寒冷而干燥的雪海下面，还剩下些什么呢？在雪海底，还有生命存在吗？

在森林、林中空地和田野的积雪上，我们的记者分别挖了一些很大的深坑，一直挖到地面。

我们在那些地方看到的东西，大大出乎我们的预料。从雪里面露出了许多绿色的小叶簇。既有从枯草根下钻出来的尖尖的小嫩芽，也有被沉重的积雪压得匍匐在冻土上的绿色草茎。它们全都活着！请想象一下：全都活着！

原来，草莓、蒲公英、荷兰翘摇、狗牙根、酸模，以及各色各样的植物，都住在沉寂的雪海底下。它们全都绿油油的。在翠绿娇嫩的繁缕上，甚至还长着细小的花蕾。

一些圆形小窟窿出现在我们森林记者挖的雪坑的四壁上。这是被铁锹铲断的小野兽的交通道，这些小野兽特别善于在雪海里找东西吃。老鼠和田鼠在雪底下啃食既美味可口、又富于营养的植物根；食肉兽鼬鼩、伶鼬和白鼬冬天就在雪底捕捉这些啮齿动物和在雪里过夜的小鸟。

从前，人们认为只有熊才在冬天生小熊。俗话说，有福气的小孩"穿着衣裳"来到人间。小熊出生的时候，个头非常小，只有老鼠那么大，可是它不仅穿着衣裳，而且直接穿着皮大衣降临人间。

现在，科学家们的研究表明，有些老鼠和田鼠冬天就好比搬到了冬季别墅：从夏天的地下洞穴，搬到地面上来，在雪底下的树根和灌木下部的枝头上筑巢。令人惊叹的是：它们冬天也生孩子！刚生下来的小老鼠全身光溜溜的，但是巢里很暖和，年轻的鼠妈妈给它们喂奶吃。

城市新闻

修理和新建

城里到处都在忙着修理旧屋，建造新房。

老乌鸦、老慈乌、老麻雀和老鸽子，都在忙着修理去年的老巢。那些去年夏天才出世的年青的一代在忙着筑新巢。树枝、稻草、马鬃、绒毛和羽毛这些建筑材料的需求量，大大增加了。

鸟的食堂

我和我的同学舒拉，都很喜欢鸟。冬天，山雀和啄木鸟这类小鸟经常挨饿。我们很怜惜它们，决定给它们做个饲料槽。

我家附近，绿树成荫。鸟儿常常落在树上找食吃。

我们用胶合板做了一些浅浅的小盒子，每天早晨都往盒子里撒谷粒。现在鸟儿已经习惯了，不再害怕飞到盒子前，津津有味地啄食吃。我们认为，这会给鸟带来益处。

我们建议，希望所有的小朋友们都来做这件事。

■发自森林记者瓦西里亚历山大

市内交通新闻

有个标记画在拐角处的房子上：一个黑色的三角形画在圆圈当中，三角形里有两只雪白的鸽子。

意思是："小心鸽子！"

当汽车开到大街拐角处转弯的时候，司机小心翼翼地绕过一大群鸽子。这群鸽子聚在马路当中，有青灰色的，有白色的，也有黑色的，还有咖啡色的。大人们和孩子们站在人行道上，用米粒和面包屑喂鸽子。

"小心鸽子！"，这个叫汽车注意的牌子，最初是根据女学生托尼·柯尔基娜的提议，挂在莫斯科的大街上的。现在，在列宁格勒和其他交通繁忙的大城市里，也挂出了这样的牌子；男女市民们经常边喂鸽子，边欣赏这些象征和平的小鸟。

光荣属于珍惜鸟类的人们！

飞回故乡

许多令人高兴的消息寄到了《森林报》编辑部。信件寄自埃及、地中海沿岸、伊朗、印度、法国、英国和德国。信中写道：我们的候鸟已经踏上了返乡之路。

它们从容不迫地飞着，一寸寸地占领从冰雪下解放出来的大地和水面。它们得预计好，在我们这儿冰雪消融、江河开冻的时候，飞回到这里来。

雪下童年

今天是个融雪天。我到外面去挖种花用的泥土，顺道看了看我为鸟儿开辟的小菜园子。我在那儿给金丝雀种了繁缕。金丝雀很喜欢吃繁缕的鲜嫩多汁的绿叶。

你们当然认识繁缕吧？淡绿色的小叶子、依稀可见的小花、互相缠在一起的脆嫩的细茎。

繁缕紧贴着地面生长。只要一个照看不周，一畦畦菜地都会被密密麻麻的繁缕侵占。

今年秋天，我播下了繁缕的种子，但是种得实在太迟了。种子发了芽，可是还没来得及长成苗。它们就这么被埋在了雪下：只有一小段细茎和两片子叶。

我没指望它们能活下来。

可事实上呢？我一瞧，它们不仅熬过了冬天，而且长高、长大了。现在这已经不是幼苗，而是小植物了。有几株上还长着花蕾呢！

真是令人惊叹不已，要知道这是大冬天，而且是在雪底下啊！

■发自尼·米·芭芙洛娃

神奇的小白桦

昨天晚上和夜里，下了一场温暖湿润的雪，把台阶前园子中我心爱的一棵白桦树的树干，以及所有光秃秃的树枝都涂成了白色。快到天亮的时候，天气又骤然转冷。

太阳升到明朗的天空中。只见我的白桦树变得神奇而迷人：它挺立在那里，从树干到最细的小树枝，都仿佛涂了一层白釉，原来是湿漉漉的雪冻成了一层薄冰。小白桦浑身银光闪闪。

几只长尾巴山雀飞来了。它们毛茸茸的温暖的羽毛，好似一团团白色的小线球，每个球上插着一根织针。它们落在小白桦上，在树枝上转着圈，它们在寻找，有没有东西可以当早饭吃。

可是小脚爪直打滑，小嘴也啄不破冰层。白桦树好像由水晶玻璃做成似的，发出尖细的、冷漠的叮当声。

山雀怨声载道地飞走了。

太阳越升越高，阳光越来越暖和，终于把冰层晒化了。

一股股冰水，从神奇的小白桦的树枝上、树干上流了下来。它变成了一个冰冷的喷泉。

水开始往下滴。水珠闪烁着，流淌着，像一条条小银蛇似的，顺着树枝汩汩流下。

山雀飞回来了。它们落在树枝上，丝毫不怕沾湿了小脚爪。这回它们可高兴了：小脚爪不再打滑，化了冻的白桦树请它们吃了一顿美味的早餐。

■发自森林记者维利卡

第一首歌

一天，天气寒冷，但是阳光明媚，城市的花园里，响起了春天的第一首歌。

是苣雀在唱。歌曲并不复杂：

"欣——希——维！欣——希——维！"

只不过这么简单的几句。但是歌声听起来如此欢快，仿佛这只快乐的、胸脯呈金色的小鸟，想用鸟语告诉大家：

"脱掉皮袄！脱掉皮袄！春天来啦！"